デザインを学び始めた人のための
デザインの製図
TECHNICAL DRAWING FOR BEGINNERS

■ ご注意
本書は著作権上の保護を受けています。論評目的の抜粋や引用を除いて、著作権者および出版社の承諾なしに複写することはできません。本書やその一部の複写作成は個人使用目的以外のいかなる理由であれ、著作権法違反になります。

■ 責任と保証の制限
本書の著者、編集者および出版社は、本書を作成するにあたり最大限の努力をしました。但し、本書の内容に関して明示、非明示に関わらず、いかなる保証も致しません。本書の内容、それによって得られた成果の利用に関して、または、その結果として生じた偶発的、間接的損傷に関して一切の責任を負いません。

■ 商標
本書に記載されている製品名、会社名は、それぞれ各社の商標または登録商標です。
本書では、商標を所有する会社や組織の一覧を明示すること、または商標名を記載するたびに商標記号を挿入することは特別な場合を除き行っていません。本書は、商標名を編集上の目的だけで使用しています。商標所有者の利益は厳守されており、商標の権利を侵害する意図は全くありません。

もくじ

まえがき v

第1章 デザイン分野の図学・製図について　*about technical drawings* 1
- 1-1.　デザインと製図　*design and technical drawing* 2
- 1-2.　立体のイメージ表現とデザイン　*image representation of 3D and design* 3
- 1-3.　製図の道具　*tools of drafting* 8
- 1-4.　コンパス　*compass* 13
- 1-5.　テンプレート　*template* 14
- 1-6.　三角スケール　*scale* 16
- 1-7.　筆記用具　*writing tools* 17

第2章 基本となる図法　*basics of drawing* 19
- 2-1.　製図用具を使った図学　*drawings with tools* 20
- 2-2.　器具を使った平面図形の作図法　*drawings of plane figure with tools* 26

第3章 図形の表し方　*literacy of perspectives and views* 41
- 3-1.　投影図法の基本　*basics of perspective drawings* 42
- 3-2.　正投影図法　*orthographic projection* 44
- 3-3.　第三角投影図法　*trigonometry of drafting* 44
- 3-4.　立体の基本と名称　*types and names of 3D objects* 46
- 3-5.　立体の切断　*section of 3D objects* 46
- 3-6.　展開図　*development plan* 48
- 3-7.　相貫体　*intersecting objects* 50
- 3-8.　軸測投影図法　*axonometric projection* 52
- 3-9.　等角投影図法　*isometric projection* 52
- 3-10.　斜投影図法　*oblique projection* 53
- 3-11.　等角投影図法の楕円　*ellipse in isometric projection* 54
- 3-12.　等角図（アイソメトリック図）の作図　*drawing of isometric view* 55
- 3-13.　等角図の応用　*practices of isometric view* 59

第4章 製図の基本　*basics of drawing* 61
- 4-1.　製図用語　*term of drawing* 63
- 4-2.　図面用紙の大きさについて　*dimensions of drawing paper* 65
- 4-3.　図面の輪郭線　*outline of drawing* 65
- 4-4.　表題欄　*title block* 66
- 4-5.　尺度　*scale of drawing* 69
- 4-6.　線　*lines* 69
- 4-7.　文字　*letters and characters* 73
- 4-8.　手描き製図の作図の手順　*steps complete drawings* 76

第5章 寸法の記入法　*notation method of dimensions* 83
- 5-1.　寸法記入の基礎　*basics of notate dimensions* 84
- 5-2.　寸法記入の実際　*actual examples of notate dimensions* 90

第 6 章　透視図法　*perspective drawings* ... 99
- 6-1.　透視図法の原理　*principle of perspective drawings* ... 100
- 6-2.　透視図法の種類　*types of perspective drawings* ... 101
- 6-3.　一点透視図法と二点透視図法　*one-point perspective two-point perspective* ... 102
- 6-4.　一点透視図の作図　*drawing a one-point perspective.* ... 104
- 6-5.　二点透視図の作図　*drawing two-point perspective* ... 106
- 6-6.　増殖と分割　*multiply / divide* ... 110
- 6-7.　円の透視図　*perspectives of circle drawing* ... 112
- 6-8.　回転体の一点透視図　*one-point perspective of rotated object* ... 114
- 6-9.　室内透視図　*interior perspectives* ... 116
- 6-10.　二点透視図の作図例　*examples of two-point perspective.* ... 120

第 7 章　レンダリング　*rendering* ... 123
- 7-1.　レンダリング例　*meaning of rendering* ... 124
- 7-2.　レンダリングで使用する用具　*rendering tools* ... 126
- 7-3.　基本となる描画方法　*basics of rendering technics.* ... 128
- 7-4.　素材の表現例　*styles of express materials* ... 130
- 7-5.　描画方法の手順　*steps to complete rendering* ... 132

第 8 章　パッケージ、紙立体の図学　*package design and paper 3D models* ... 135
- 8-1.　パッケージ・デザイン　*package design.* ... 136
- 8-2.　箱の形式　*shapes and styles of box* ... 137
- 8-3.　組立形パッケージの展開図例　*development plan sake package* ... 140
- 8-4.　標準的な長方形パッケージ図　*development plan standard box-type package* ... 141
- 8-5.　紙の加工　*process of producing papers.* ... 143
- 8-6.　紙立体　*3D objects of paper.* ... 143

第 9 章　実際の製図例　*examples of drawing and drafting* ... 145
- 9-1.　ポスターの図学解析　*geometrical analysis of a poster* ... 146
- 9-2.　機械製図　*a mechanical drawing* ... 147
- 9-3.　容器図面　*a vessel drawing* ... 148
- 9-4.　コンパクトカメラ　*a compact digital camera* ... 149
- 9-5.　ポータブル・サウンドメディア　*a portable sound media unit* ... 150
- 9-6.　花器の寸法図　*a flower pot drawing* ... 151
- 9-7.　照明器具　*a pendant lighting unit.* ... 152
- 9-8.　ハイバックチェア　*the hill house chair* ... 153
- 9-9.　集合住宅の居室 — ワンルームマンション平面図　*a condominium plan - japanese apartment.* ... 154
- 9-10.　建築図面 — サヴォア邸　*plan villa savoy in poissy* ... 155
- 9-11.　バス停周辺計画図 — パブリックデザイン　*bus stop plan - public design.* ... 156
- 9-12.　部品分解図 — 懐中電灯　*a exploded view of flashlight* ... 157

索　引 ... 159

あとがき ... 161

まえがき

　大学や、短大その他の学校でデザインをこころざす学生や、デザイン業務についたばかりの社会人の中には製図を学ぶ人はたくさんいるはずです。

　中学の義務教育では、平面図形の授業で、垂直二等分線や接線の応用を学習し、立体図形の授業でも多面体や立体の展開図まで学ぶはずですが、創作の仕事に役立てるにはまだ準備が足りません。大学のデザイン講座では、更に製図に適した教科が用意されています。

　製図は、テクニカル・ドローイングと呼ばれ、絵画のような感性にたよる視覚表現とはすこしねらいが違います。絵画なら、絵そのものが行為の目的ですが、製図は描いたらそれで終わりとは限りません。たしかに製図をもとにグラフィック表現をすることが目的の場合もありますが、ものづくりの世界では、製図は制作の一つの工程になっています。人から人に誤解なく形の情報や、造りの仕様を相手に伝えるためには、その分野に限られた多くの約束ごとを守る必要があります。測量などで得られた地理情報による地形図や、地図上に気象現象を記号で配置する天気図に特徴が似ているかも知れません。

　本書は、デザインを学び始めたばかりの学生や社会人を対象に、製図をわかりやすく解説したものです。そして、一度学習した知識でも記憶に不安があるとき、いつでも読み返す座右の書を目指しています。願わくば、デザインを志すより広い分野の皆さんにも活用していただきたいと思います。

第2刷の刊行について

　初版にあった誤字、脱字、説明不足や分かりにくいと思われる図を、この第2刷の刊行に併せて修正しました

共立女子大学　建築・デザイン学科
プロダクトデザイン分野
青木 英明、大竹 美知子、久永 文、福田 一郎

第1章
デザイン分野の図学・製図について

about technical drawings

1-1. デザインと製図　*design and technical drawing*

　一言でデザインとはいっても、それは広い範囲の内容を含みます。プロダクト・デザインや美術・工芸、あるいはファッションを学ぶ学生、そしてインテリアからグラフィック・デザインなど様々な専門分野を持つ人々がいるはずです。このように様々に広がるデザインのいずれかを、初めて学び始めた皆さんに、まず製図とはどのようなものかについて述べます。

　製図 (Technical Drawings) とは、平面または立体である対象物の特徴を記録し、情報として伝えるものです。記録する内容は、分野によって様々で、大きさ、関係、位置、素材、加工方法などの情報が含まれます。製図の方法に従って描いた書類を、『図面』とよびます。図面を「製図」ということもあります。

図 1-1　製図と関連分野

　製図は、日本の JIS (Japanese Industrial Standards Comittee：日本工業標準調査会) 規格に沿って作成されていて、演習をとおしてその方法を学びます。本書は JIS の難しい表現をデザインに適するようにわかりやすい言葉に置き換えて説明しています。また、図面を描く順序や、二点透視図法の手順など、初めての人には障害となりそうな箇所について図を多用して丁寧に解説することにしました。

　図学 (Geometry Science) は、JIS の規定の中で定義されてはいません。図学を学ぶと、知られた絵画やポスター、タイポグラフィー、家具設計、インテリア計画などへの理解がよりいっそう深まります。

　物理現象や、天文学の法則、そして遺跡にみられる大規模な構造物も、これまで図学の方法で抽象化されてきました。高校で学ぶ古典力学も、数学の関数をグラフ化するのもこの抽象化と、図化という図学の方法によっています。

　デザインの中でも、プロダクト・デザインやインテリア・デザインなど一部の「ものづくり分野」の教育には、とりわけ製図を学ぶことが必要となっています。なぜなら、仕事の基本として図面を描き、そして読む力が求められているからです。

　製図はデザイン分野では、人対人相互の情報伝達方法であり、効率の良い記録方法でもあります。図面は、それを読む人が誰であれ「一義的」に理解され、多様な読み方や、曖昧さが介入してはいけません。

　デザインに製図が重要とは言っても、必ずしも図学の価値を低く見ることにはなりません。美しい形に

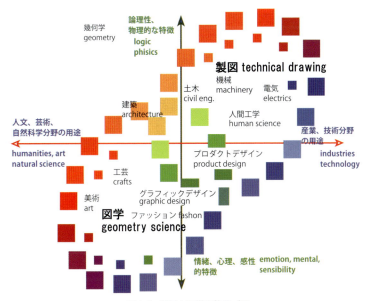

図 I-2 製図と図学の位置づけ

は、図学の法則が隠されており、逆に図学を応用すると、創作に生かすことも可能です。

　本書は、このような背景から原則は製図を基本に解説し、図学についても必要と思われることがらにふれます。

　製図の演習では、基本的な技術として製図道具をどのように使うのか、作図の順序はどうするのか、そして幾何学の知識をどう生かすのかを学びます。演習を重ねることで、製図の意図を理解し、正しく図面を描けるようになるはずです。

1-2. 立体のイメージ表現とデザイン　*image representation of 3D and design*

1-2-1. 立体物の表現

　デザイナーが複雑な構造をもつ立体物のイメージを、紙とペンで構想するとき、どのように表現し他者に伝達したらよいでしょうか。ルネッサンス期に活躍したレオナルド・ダ・ヴィンチ（イタリア、1452-1519）は、水車、飛行機、ヘリコプター、戦車、歯車、建築などに関連した多くの立体物スケッチを残しました。彼の視覚表現は、当時の絵画職人の間ではすでに知られた遠近図法（立体作図表現）を学んでいたから可能でした。現代の透視図法も、古くからの遠近図法を発展させたものです。

　デザインの製図では製図機器を使い、立体を投影法で描くことが一般的です。デザイナー（作図者）が、対象物の形状や素材、作業工程を、既定の製図法に従って記せば、それを引き継いた製造者にも正しく情報が伝わります。

図 I-3　レオナルド・ダ・ヴィンチ「最後の晩餐」(遠近法の活用)

図 I-4　源氏物語絵巻（平行透視による奥行き表現）

　定規とコンパスを使った伝統的な作図法は、過去の製図風景のようにも見えて、実は現代でもその価値は失われていません。幾何学（Geometry）の原理は、現代の仕事や職場においても、そのまま生きています。

1-2-2. 人はなぜ画像を輪郭線で描くのか

　対象物が面でも立体でも、製図では線に置き換えて描きます。わが国では、浮世絵、アニメ、イラス

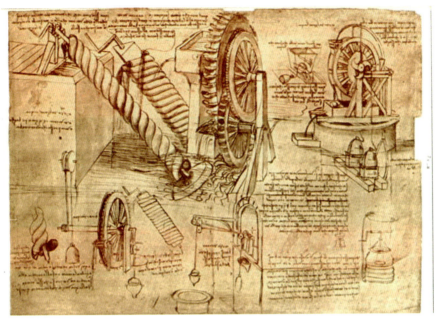

図 I-5　レオナルド・ダ・ヴィンチ「水車のスケッチ」（投影法による描写）
Codex Altanticus 7 recto-a、アトランティコ手稿

ト、漫画まで輪郭線の絵を目にします。立体物や面の特徴を線に置き換える習性は、脳科学的にみた人間の画像認識によると言われています。

網膜からの視覚情報は、脳の後頭葉最後部の大脳皮質にある第一次視覚野で単純な画像要素として知覚します。更に下側頭連合野の第二次視覚野に送られ両眼視差による立体把握や、輪郭の検出、線分の向き、長さ、動きの方向、色などの情報を別々に分担して認識すると言われています。

第一次視覚野の仕事は、画像処理の初期段階で、パターンを認識することです。脳は画像イメージを、線画、立体図などの図形情報に置き換えることを自然にやっています。逆に、線画から、物体の境界線の位置、傾き、奥行きなどを再現することも行います。私たちは絵を線で認識し、図面も線であって普通と思っています。

図 I-6　東洲斎写楽（輪郭線の活用）

1-2-3. 画像から幾何法則を知る（図学的アプローチ）

　有名な美術や建築の作品の多くに、幾何学の原理が隠されていることが知られています。ギリシア建築や彫像では、プロポーションを美しく見せるために黄金比が使われており、絵画も古くから幾何図形が隠されています。日本でも、浮世絵である北斎の絵画で、図形の法則性が見つかります。画家は意図的に図学を活用する場合もあれば、結果として絵が幾何学線に沿っていると分かることもあります。図学は、芸術にかかわるだけではなく、デザインでもポスターや、ロゴ作成に幅広く活用されています。

図 I-7　パリのノートルダム寺院の立面図に見る幾何学法則[*1]

1-2-4. パターン、図形を繰り返す

　グラフィック・デザインでは、魚の鱗や織物パターンのように同一の図形を繰り返し使う例が豊富です。また、タイルや舗装ではおなじみの同一パターンを隙間なくつめた、充填図形（Tessellation：平面充填）のイメージもよく目にするはずです。1種類の多角形を使った平面充填は、正三角形、正方形、正六角形の3種類のみです。しかしこの図形を更に割った図形を考えると、複雑な充填図形が制作可能です。

　日本伝統の文様にも、平面充填図形による繰返しパターンを生かしたものがあります。おもに、染め物、和紙などの工芸品が知られています。

[*1]　緑色の矩形は、黄金比（Φ）になっている。青色は正方形と対角線、もしくは正三角形。赤色はコンパスや定規で引いた補助線。中世の石工は、幾何法則の実践に習熟していたことは間違いない。

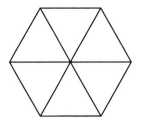 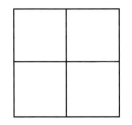 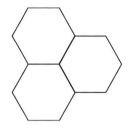

図 1-8（A） 平面充填、単一正多角形のパターン

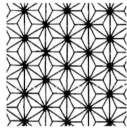  

図 1-8（B） 麻の葉文様、七宝文様、青海波（せいがいは）

　古代エジプトでは壁画、古代メソポタミアではタイルで繰り返しパターンが多く作られました。テキスタイルの織りも、壁紙の絵柄も、同じ図形の繰り返しが多いです。こういった仕事には製図の技術が大いに活用されていて、今後も事情は変わりません。

1-2-5. レンダリング

　プロダクト・デザインのレンダリング（Renderling）は、創作過程において対象物の完成イメージを確認するために開発された手法で、紙やディスプレー上に描いたイラストを意味します。また、描く行為をこう呼ぶこともあります。レンダリングは製図を基礎とした表現技術を使います。三次元物体のレンダリングを行うには、透視図法によるイメージの画像化のほかに、物体の表面形状、材質、陰影などの要素を加えます。デザイナー自身も模索段階で自らレンダリングを行って検証し、改善、修正する機会を得ることが可能です。

　一方で CG（Computer Graphics）におけるレンダリングは、すこし意味が異なります。三次元グラフィックスで数値データとして得た物体や図形に関する情報を、計算機とソフトウェアによって画像化することを意味します。場合によっては、CG でリアルな画像を作成することが目的の場合もあります。

　近年、リアリティや特殊効果を追求した画像技術が多く開発されて、その用途が広がりました。需要の高まりと、アプリケーションの普及、コストの削減によって、今後も CG によるレンダリングの適用が増えることでしょう。

1-3. 製図の道具　*tools of drafting*

　製図道具は、時代と共に進化しつつありますが、いまもなお製図や図学を補助し、思考を支援してくれる身近で便利なツールと見ていいでしょう。

　計算尺が廃れて電卓となったように、筆記用具も製図道具もデジタル機器へと変わってきています。アナログとデジタルの価値は、単純に機能だけでは比較できません。現代におけるアナログの製図道具の意味は、道具と人との関わりが深い仕事にはまだ役割があるということでしょう。考えたり感覚器官を養うような教育や研修過程で使うのに適しているように思います。また、簡単にイメージを整理したり、アイデアを模索するのにも向いています。

1-3-1. 製図板　*drafting board*

ベニア製図板：製図板は、製図用紙を貼って作業するための作業台ですが、平行定規などを取りつける板でもあります。適度の平坦さと目的に応じた大きさが必要です。

加工処理による製図板：ベニア製図板は、汚れが拭き取りにくいため、表面にビニールシートを貼ったものが商品化されています。T定規を円滑にスライドさせるアルミのエッジが備わっているとより便利でしょう。製図用紙を固定するためのマグネットプレートを使用する場合には、これに対応するマグネットシートが製図板内に貼ってある必要があります。

図 I-9　製図板　　　　　　　　　　図 I-10　製図板と専用シート

1-3-2. 製図用機械　*drafting machine*

　製図作業を合理化するために開発された便利な機械です。垂直、水平定規の座標を動かしても、軽くスライドし水平軸がぶれない機構が特徴です。定規には角度を変更する機能もあるため、効率よく製図を行うことができます。定規を差し替えると、縮尺を変更することも可能です。

簡素な機種には、製図板に着脱が可能なアーム型（浅い傾斜に対応）や水平スケールのみが、窓ふきのゴンドラのように上下にスライドするもの（平行定規）もあります。

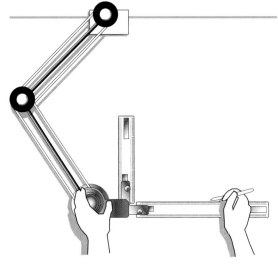

図 1-11　製図用機械

1-3-3. T定規、テンプレート、分度器　*T-square, templates etc.*

T定規：長い水平の定規に、直角のガイドをつけた簡素な道具です。図面の任意の場所で簡単に水平を得ることができます。決まった角度の斜め線や垂直線を引くには、T定規の上辺に三角定規や自在勾配定規（後出）などを乗せます。

　右利き用T定規の場合なら、製図板左側面にガイドを押さえつけて、スライドさせると任意の位置で水平線が確保される仕組みです。構造が簡素なため愛用されている道具の一つです。

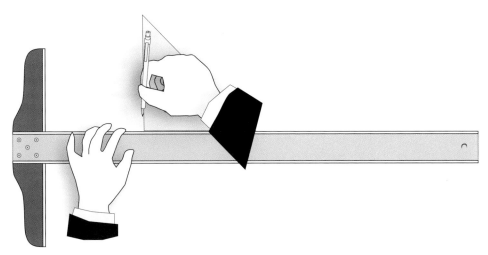

図 1-12　T定規の活用

1-3-4. 三角定規　*triangles*

「直角二等辺三角形の定規」（内角が45°、45°、90°）と、「直角三角形の定規」（内角が30°、60°、90°）の三角定規がセットとなっています。一定角度の直線を引くには便利です。透明な素材で、目盛りの付いていないものが一般的です。二つを組み合わせると、75°などの内角の和も利用できます。

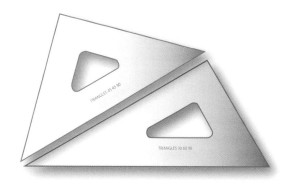

図 I-13　三角定規とは

三角定規の使い方

　三角定規の頂点の内角は、30°、45°、60°、90°の4種類です。T定規、平行定規の水平線に対して、上記の角度のある線引きをするとき便利です。表裏が使えるので、ひっくり返した角度も選択できます。組み合わせることで、15°や75°あるいは105°も可能です。

　T定規を水平に固定したら、その上辺で三角定規を左右にスライドさせます。三角定規の線の引き方は人間工学的な原則があります。右利きの人は、斜めであっても左から右へ、垂直線は定規の左辺を下から上にです。定規はなるべく上辺を使いましょう。

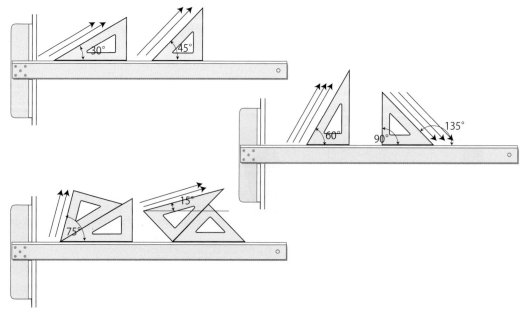

図 I-14　三角定規の使い方

1-3-5. 自在勾配定規　*pitch scale*

三角定規と分度器を合わせた多機能な定規で、各種の設計製図に使われます。角度や斜辺の長さを求めるための三種類のSCALE（目盛り）がついていて、建築や屋外の設計業務に便利です。簡単にその使い方を解説します。

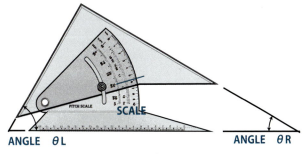

図 1-15　勾配定規

1. ANGLE（角度：水平に対する左右の斜辺の角度を表示しています）
2. SLOPE（斜面：水平距離に対する斜面の長さの比が表示されています）
3. RISE（勾配：水平距離10mに対する高さの値が表示されています）

いずれも、SCALEの数値を下表のように読み取ります。

表：角度（*ANGLE*）と斜面長（*SLOPE*）と勾配（*RISE*）の対応例

角度　左内角 ANGLE θL （単位 degree）	角度　右内角 ANGLE θR （単位 degree）	斜面（水平1mに対する 斜面長mの比） SLOPE	勾配（水平10mに対する 高さの値m） RISE
45°（最小値）	45°（最大値）	1.4（= 1/sin 45°）	10（= 10 × tan 45°）
60°	30°	1.2（= 1/sin 60°）	17.3（= 10 × tan 60°）
90°（最大値）	0°（最小値）	1.0（= 1/sin 90°）	+∞（= 10 × tan 90°）

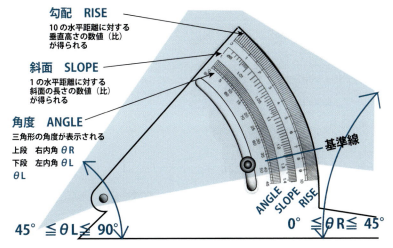

図 1-16　SCALE（勾配定規の目盛り）の拡大図

1-3-6. 直定規　*straightedge*

長さを測るための目盛りが付いている直線定規です。透明プラスチックや、アルミ、スチール製などがあり、30cm前後のものから、長いものでは1mを越えるものもあります。アルミ、ステンレスなどの金属製は、耐久性があります。直定規は裏表が決まっており、裏は製図用紙に接する面、表は長さの目盛りを読んだり、線を引く作業を助けます。表に溝が付いたものは、溝引きといって、筆で直線を引くためのものです。

図 1-17　直定規（スチール製）

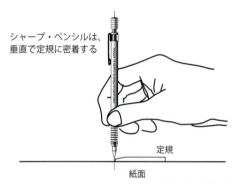
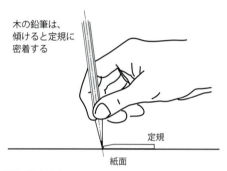

図 1-18　定規を使って鉛筆で線をひく

1-3-7. デザイン用曲線定規
　　　　　　curve ruler

「雲形定規」や「カーブ定規」、「ユニカーブ」などの名称があり、曲線を描く際に用いられます。用途によって、万能型、裁縫製図、服飾デザイン用曲線定規、レンダリングカーブ、造船用などの曲線定規があります。

「自在曲線定規」は、力を加えると滑らかで柔軟に曲がる金属をPVC（軟質塩化ビニール）でカバーした定規です。曲がり具合には制限がありますが、自由度の高い線が描ける特徴があります。反面、使っている途中でも定規が曲がってしまう問題点もあります。目盛りがついた商品もあります。

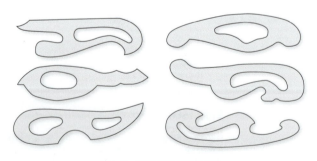

図 1-19　雲形定規（曲線定規）

図 1-20　自在曲線定規

1-3-8. 鉄道定規ほか特殊用途　*railway ruler etc.*

鉄道定規は比較的半径の大きな円弧を引くための定規で、鉄道曲線定規あるいはアール定規（アールは半径の意味）と呼ぶこともあります。主として鉄道線路の設計に使われるためのものです。現在では主役の座を CAD に譲りました。

同じようなもので、ファッション業界では、原寸の人体曲線を出すための定規や、型紙を描くための定規があります。業界によって特殊な曲線定規が開発されています。

図 1-21　鉄道定規

1-3-9. 分度器　*protractor*

角度指定で図面を描く場合は、分度器を使用します。形状は、1/2 円もしくは全円のプラスチック透明板で、円周に沿って 1°や 0.5°の細かな目盛りが刻んであります。

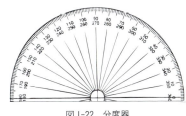

図 1-22　分度器

1-4. コンパス　*compass*

円を描く製図器具です。初等教育でも見慣れた道具で、これを業務用に発展させたものが使われています。コンパスは、「脚部」の 1 つは回転軸として針があり、他の 1 つは鉛筆などの筆記用具を付けるための仕組みがあります。筆記用具のかわりに針を取り付けたものをディバイダーと呼び、用途がすこし違います。

1-4-1. スプリング・コンパス

軸受を円弧の板バネ（スプリング）で挟んだ構造のコンパスです。中央の中車を一定方向に回すと脚が開閉します。微細な半径調整ができる反面、機構上あまり大きな半径のものはありません。

1-4-2. 中車式コンパス

二本の軸脚に、逆ネジを切った「梁」を通し、中心の円盤（中車）を回して両脚を開閉します。コンパスのつまみが開脚角度の二等分線上に固定される仕組みです。市販されているコンパスの多くはこのタイプか、類似のものです。

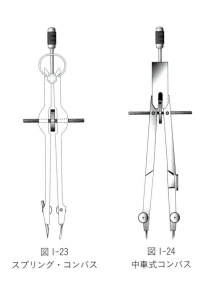

図 1-23
スプリング・コンパス

図 1-24
中車式コンパス

コンパスの使い方

　コンパスは、円弧を描くだけではなく、線分の長さを他に移す場合や、後に述べる垂直二等分線をもとめる作図で使う製図道具で、古くから愛用されています。形状からドイツ式、イギリス式などが知られていますが、原理は変わりありません。小円を描くときには、微調整が可能なスプリング・コンパスが便利かもしれません。ビーム・コンパスは、大半径の円を描くとき使います。

　コンパスは、針のついた脚を中心に回転させます。針は安定して一点を動かないこと、穂（芯ホルダー）につけた鉛筆はかすれずに線を描くことが大切です。そのためには、針を鉛直に保つこと、つまみをうまく指に挟んで回転させ、鉛筆の芯もできるだけ鉛直であることが望まれます。

　ディバイダーは、両脚に針が付いたコンパスです。特定の間隔（長さ）を、倍々に延長したり、直線、円周を等分割するとき便利です。寸法を定規から移しとったりするのにも便利に使えます。

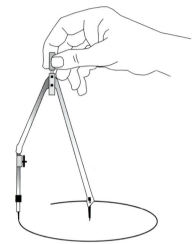

図 I-25　コンパスの使い方

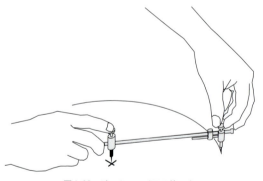

図 I-26　ビームコンパスの使い方

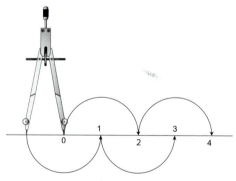

図 I-27　ディバイダーの使い方

1-5. テンプレート　*template*

　テンプレート、ステンシルなどと呼ばれます。コンパスでは困難な小半径の円を描くときには便利です。また決まった半径の円を描くときは、使いやすい道具です。コンパスなら円の中心に針を置きますが、外周円を直接描く定規なので、正確な中心を決めるには、中心を通る水平線と垂直線を描いてから、テンプレートの穴にあるガイド目盛りをこれに合わせます。

楕円定規は、円の透視図を（アイソメトリック的に）描くときに多く使われます。円は斜めから見ると楕円になります。

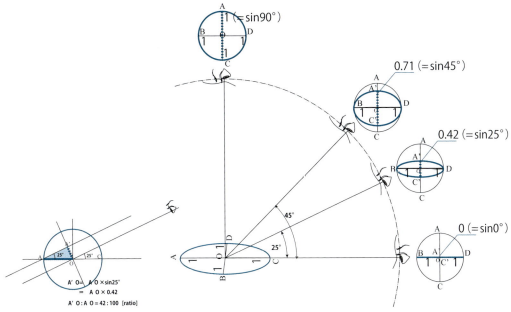

図 I-28　楕円定規の角度表示（円の俯角が 0°、25°、45°、90°の場合）

1-5-1. 円定規、楕円定規　*circuel ruler, eclipse ruler*

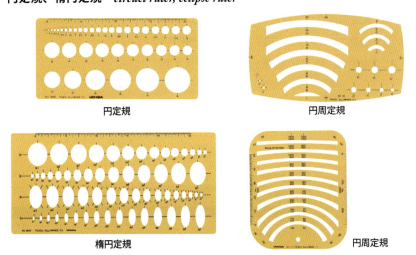

図 I-29　円定規、楕円定規、円周定規

1-5-2. 字消し板　*eraser schield*

素材は薄いステンレスでできていて、特定の図形だけ選択して消しゴムで消す道具です。直線、円弧、直角、丸などが切り抜かれています。

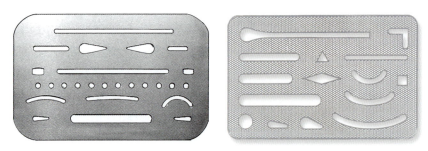

図 I-30　字消し板（ステンレス製）

1-6. 三角スケール　*scale*

断面がほぼ三角形の直定規で、寸法を計る道具です。一面に上下 2 種類の目盛り、三面全部で 6 種類の縮尺が刻まれています。各面の中央部溝には赤、青などの塗装があり、色で面を区別できます。目盛りの縮尺はメートル単位で、1/100、1/200、1/300、1/400、1/500、1/600 といった具合に分数の表示がされています。縮尺目盛りの組合せは、職業別に使用する種類が異なっています。デザイン向きなら、高精度三角スケール（一般用途）が適切でしょう。

1/100 の場合　（単位はメートル）
1/100 の目盛りは、実際の長さが 100 分の 1 で刻まれています。
5 という数字は「5m の長さをこの長さに縮めた」という意味です。
1/10 の縮尺はありませんが、数字を 10 倍して読めば使えます。

1/200 の場合　（単位はメートル）
1/200 の目盛りは、実際の長さが 200 分の 1 で刻まれています。
やはり 5 という数字は「5m の長さをこの長さに縮めた」という意味です。

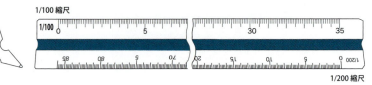

図 I-31　三角スケール

1-7. 筆記用具　*writing tools*

1-7-1. 墨入れ用具（インキング）　烏口　*ruling pen*　ニードルペン　*needle pen*

　図面はインクを使って描くことがあり、インキングの用具が使われてきました。烏口（からすぐち）やニードルペンはその代表です。

　「烏口」は、二枚の刃物状金物の間にインクを入れてケント紙などに線を描く道具です。美しい線が描ける反面、使い方から研ぎ方まで難しい道具であるため、愛用する人は少なくなりました。

　ドイツのラピッドグラフやマルスマチックで知られる「ニードルペン」は、いわゆる製図用の万年筆です。烏口より扱いやすい反面、ペン先が乾きやすく手入れが大変です。決められた太さの線を引くには、ペンの種類をそろえる必要があります。

　現在はニードルペンに代わって、安価な使い捨てペン（ジェルインクペン、フェルトペン）が多く使われるようになっています。

　かつて大切な原図は、インク作図され保存するのが普通でした。しかし、半透明な用紙に鉛筆で図面を描いて、青写真などで簡単に複写する方法が普及すると、インク図面の意味も失われることになります。いわゆる第二原図（コピー）が普及すると、気楽に消しゴムで消せる鉛筆が筆記用具の主役となりました。

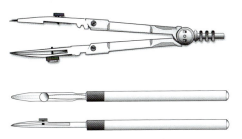

図 I-32　烏口コンパス、烏口

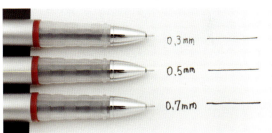

図 I-33　ジェルインクペン　Thicker liner

1-7-2. シャープペンシル、鉛筆　*mechanical pencils, pencils*

　筆記用具には、製図用のシャープペンシル（英語：メカニカルペンシル）が一般化しています。好みで昔ながらの木製鉛筆の選択もあるでしょう。ただし、鉛筆による手書きの場合は、線の太さを一定に保つことが困難です。

図 I-34　ホルダータイプの製図用鉛筆

シャープペンシルの芯には 0.3mm、0.5mm、0.7mm など（数字は芯断面の直径値）があり、これを目的に応じて使い分けることもあります。細い芯は芯先を削らずに使えますが、細いなりに折れやすくなります。

　製図用鉛筆には、「ホルダー」の名称を持つシャープペンがあります。芯はかなり太く、一般的な芯断面の直径が 2.0mm で、ほかに 3.15mm の太芯もあります。芯先をとがらせる場合は、回転刃やヤスリの芯削りが販売されています。シャープペンシルは、芯の「がたつき（遊び）」が少ない上品質のものが向いています。

　古くから愛用される鉛筆芯の硬度は、2H、H あたりが好まれます。文字用には硬度が F から HB あたりでしょう。芯が硬いと筆圧が求められ、紙が破れる恐れがあります。また柔らかすぎると削る手間が増えて紙も汚れやすくなります。製図に向いた特殊な鉛筆の削り方を指南する専門書もありますが、少なくとも芯の先端は使うと必ず摩耗するので繰り返し削ることがきれいな線を引くコツでしょう。

図 I-35　シャープペンシル

第2章
基本となる図法

basics of drawing

2-1. 製図用具を使った図学　*drawings with tools*

　かつては『用器画法』とよび、古代ギリシア以来の幾何学の知識を基に、三角定規やコンパスなどの簡素な製図用具を用いて様々な図形を描く方法でした。現在学ぶ図学の体系は、フランスのガスパール・モンジュ（Gaspard Monge、1746-1818）が、18世紀末に考案した『産業のための幾何学教育法』が大いに寄与しています。

　現代の用器画法は、平行定規や改良された器具も含まれます。デザイナーが、形を模索するため下書きに相当するラフな図やスケッチを描くときは、精密な製図用具やCADを採用するより、むしろ簡素な製図用具を用いる方が、迅速かつ柔軟に考察を進めることができます。アナログ的な方法ではあっても、こういった伝統的な製図法で描けるものが多数あります。また、CADやグラフィックス・ソフトを使いながら、用器画法で、らせん他の複雑な曲線を描くことも可能です。

2-1-1. 平面図形の基本的な名称と性質について

　幾何学や製図でおなじみの平面図形の名称についてその意味を示します。

■ 円にかかわる名称と基礎

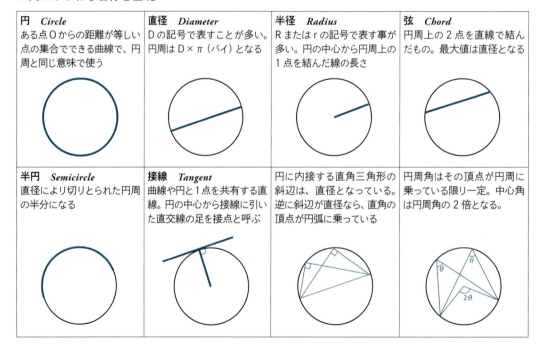

第2章 基本となる図法

■ 三角形にかかわる名称と基礎

直角三角形 *Right angle*
性質：ピタゴラスの定理が成立
$a^2 + b^2 = c^2$

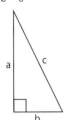

二等辺三角形 *Isosceles triangle*
性質：二つの角度が等しくなる

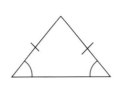

正三角形 *Equilateral triangle*
性質：三つの内角はすべて60°となる

■ 多角形にかかわる名称と基礎

四辺形 *Quadrilateral*
内角の和が360°

長方形 *Rectangle*
内角が全て90°
対面する辺の長さが等しい

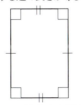

正方形 *Square*
内角が全て90°
4辺の長さが等しい

菱形 *Rhombus*
対角が等しい
4辺の長さが等しい

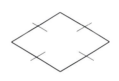

正五角形 *Pentagon*
5 内角はすべて108°
5辺の長さが等しい

正六角形 *Hexagon*
6 内角はすべて120°
充填図形、6辺の長さが等しい

正七角形 *Heptagon*
7辺の長さが等しい

正八角形 *Octagon*
菱形と合わせると充填図形
8辺の長さが等しい

■ 円に対する円の内接と外接

円Aの内側で、円Bが円Aと円周の一点を共有するとき、「円Aに円Bが内接する」といいます。外側から円Bが一点を共有すれば「円Aに円Bが外接する」といいます。

円Aに円Bが内接

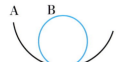

円Aに円Bが外接

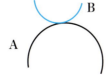

■ 図形の平行線 (*parallel line- line shift*)

基本の作図法には、図形の平行線を引くことがあります。直線の平行線は、P29 16) 参照。円（円周）の平行線は、半径の異なる同心円を描くと得られます。2種類の図形を円弧で滑らかにつなぐとき、その円の中心を得るための平行線が役立ちます。

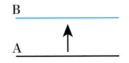

2-1-2. 平面図形の図法一覧　右肩の記号は、対応する P26 以降の解説文の項目番号です。

1　Perpendicular bisector

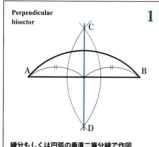

線分もしくは円弧の垂直二等分線で作図
A,B 中心でそれぞれ円弧を描き C,D を得て結ぶ。

2　Perpendicular line from a point

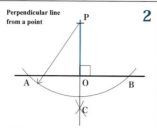

定点から線分に垂線を立てる P 中心の任意の円弧で A と B を得る。更に A と B を中心とする円弧より C を得たら、P と結ぶ。

3　Bisector of an angle

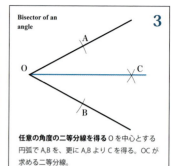

任意の角度の二等分線を得る O を中心とする円弧で A,B を、更に A,B より C を得る。OC が求める二等分線。

4　Trisecting the right angle

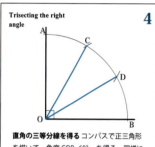

直角の三等分線を得る コンパスで正三角形を描いて、角度 COB=60°、を得る。同様に AOD=60° を得る。

5　Trisecting of an angle ♯1

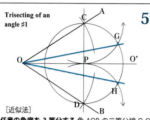

[近似法]
任意の角度を 3 等分する 角 AOB の二等分線 O-O' 上に任意の円弧 P を描き、C,D を得る。更に同一半径の円弧で G と H を得る。ただし、角度が大きいと誤差も拡大するので、その場合は P27 の 5 の方法をお勧めする。

6　Trisecting of an angle ♯2

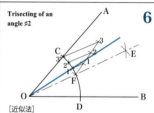

[近似法]
任意の角度を 3 等分する ∠AOB に中心 O 任意半径の円弧 CD を引き、角の 2 等分線 OE を描く。任意の角度を 3 等分する ∠AOB に中心 O の任意半径の円弧 CD を引き、角の 2 等分線 OE を描く。鋭角の場合のみ簡便法として使います。

7　Equal division of an angle

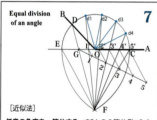

[近似法]
任意の角度を n 等分する ∠BOA の 5 等分例：O 中心の任意の円の直径から正三角形頂点 F を得る。F-D から G を求め、G-A の五等分点を通り F から円弧 DC に伸ばした点 d1,d2..から 5 等分角が得られる。

8　Equal division of a line

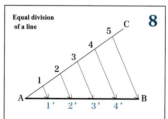

与えられた線分 A-B を、任意の数に等分割
5 分割例：A-C と 1～5 の分割点は定規、ディバイダーなどで任意に作図。5-B に平行に、4-4'、3-3' と続けると分割点、4'、3'、2'、1' が得られる。

9　Equal division of a parallel line

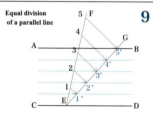

平行線の中を等分割する 5 等分する平行線を作図する場合：任意の線 E-F 上に 5 等分点 1～5 をとり、任意の線 E-G と A-B の交点を 5' とする。5-5' に平行に 4-4'…1-1' と引くと、1～4' が得られる。

10　Find center of the circle

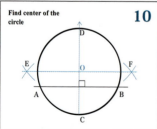

与えられた円の中心を求める 弦 A-B の垂直二等分線が作る直径を D-C。C,D を中心に同一半径の弦を描き、E,F を得る。D-C と E-F の交点が中心になる。

11　Circle from the given 3 points

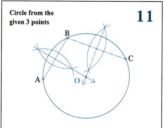

3 点を通る円を描く 3 点を A,B,C とする。A-B の垂直二等分線を引き、B-C の垂直二等分線との交点が、円の中心である。

12　Draw a circle from 3 points

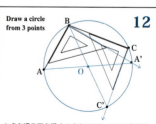

3 点を通る円を描く 3 点を A,B,C。B に三角定規の直角頂点を乗せ、A-B に一辺をあわせる。残りの一辺の延長と円の交点を A'。ここで A-A' は円の直径である。B-C にも同様の操作を行う。

第 2 章 基本となる図法

13 Draw tangent from a point
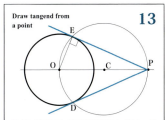
定点から与えられた円に接線を引く 点Pと、円の中心Oとを結ぶ線分P-Oの二等分点Cを得る。円Cと円Oの交点E,Dが接点となる。PからEに、そしてPからDに延ばした線が接線になる。

14 Draw common tangent between 2 circles
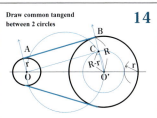
与えられた2つの円に共通の接線を引く 大きい円O'の半径をR、小さい円Oの半径をrとする。円O'に半径R-rの同心円を描き、接線O-Cを引く。O-Cをrだけ平行移動してA-Bを得る。

15 Circle inscribed at right angle
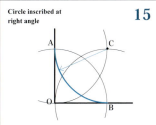
直角コーナーに内接する指定半径の円弧を描く コンパスを3回使用して正方形AOBCの残る頂点Cを得ると、Cを中心とする内接円が描ける。

16 Circle circumscribed at a angle corner
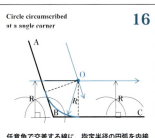
任意角で交差する線に、指定半径の円弧を内接させる 半径をRとすると、距離Rの平行線をそれぞれ描き、交点Oが求める円の中心になる。

17 Circle circumscribed at corner of a line and a circle
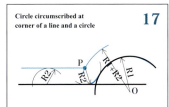
定直線、定円弧に外接する一定半径の円弧を描く 半径R1の円Oに、半径R1+R2の同心円を描き、定直線に距離R2の平行線を引き、それらの交点をPとする。Pから半径R2の円弧を描く。

18 Circle circumscribed a line and a circle
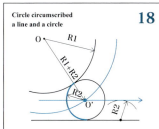
指定半径で、定円弧と定直線に接する円弧を描く 半径R1+R2の同心円と、距離R2の平行線との交点O'が、求める円の中心である。

19 Circle inscribed a line and a circle
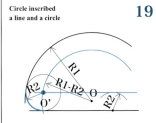
指定の半径で定円弧、定直線に接する円弧を描く 半径R1-R2の同心円Oと、距離R2の平行線との交点O'を中心に半径R2の円弧を描く。

20 Circle circumscribed with seperate circles
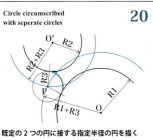
既定の2つの円に接する指定半径の円を描く 円O,円O'に対して、外接円の半径R3を加えた同心円の交点Pが求める円弧の中心である。

21 Circle inscribed with seperate circles
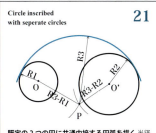
既定の2つの円に共通内接する円弧を描く 半径R3-R1の円と半径R3-R2の円との交点が半径R3の外接円の中心である。

22 Combine paralle lines with two arcs
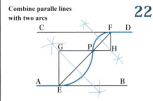
平行な二直線を円弧で滑らかにつなぐ2つの円弧を繋ぐ点Pを任意に決める。Pから45°の線を引き平行線との交点をE,Fとする。円弧EPの中心Gは、P-Eの垂直二等分線とPを通る平行線の交点である。円弧PFの中心Hも同様にして求める。

23 Equilateral triangle inscribed in a circle
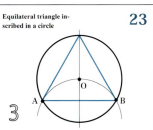
与えられた円に内接する正三角形を描く 円Oを半径だけ下に垂直に移動した円との交点A,Bが内接する正三角形の底辺となっている。

24 Equilateral triangle from a bottom line
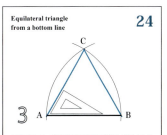
与えられた一辺から正三角形を描く 底辺A,Bからコンパスを使って頂点Cを描く。三角定規の60°を使って頂点を得る方法もある。

26 Sqware inscribed in a circle

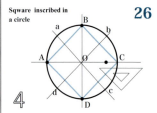

4

円に内接する正方形 円の中心 O を通る水平垂直軸を引き、円と軸との交点 A,B,C,D を結ぶ。正方形が水平線、垂直線で構成されるなら、45°の線を引いて交点 a,b,c,d を求めて、それを結ぶ。

27 Sqware circumscribed in the circle

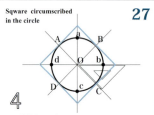

4

円に外接する正方形 円の中心から放射状に 45°の線をひいて、円と軸との交点 A,B,C,D を求めてから接線を描く。水平線と垂直線の正方形は、軸との交点 a,b,c,d を求めてから接線を引く。

28 Diagonal sqware with a giben side length

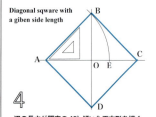

4

一辺の長さが既定の 45°傾いた正方形を描く 水平線上に一辺の長さ AE が与えられたとして、A 中心で半径 AE の円弧を描いて、A から 45°の線との交点 B を得る。45°は三角定規を活用する。

28 Pentagon inscribed in a circle

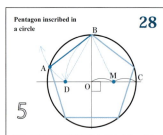

5

円に内接する正五角形を描く OC の中点 M を中心に、半径 MB の円弧で点 D を得る。B 中心、半径 BD の円弧で A を得る。A-B が一辺になる。

30 Pentagon from a bottom line

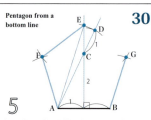

5

底辺から正五角形を描く 底辺 A-B の垂直二等分線上に A-C の延長で長さ AB/2 の点を D とする。A 中心半径 AD の円弧で E を得る。E 中心半径 AB の円弧から F と G を作図することができる。

31 Pentagon from a bottom line (Applox.)

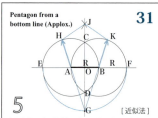

5

底辺から五角形を描く 底辺両端の点 A,B 中心に半径 AB の円を描く。A-B 延長と円との交点を E,F とする。A-B の中点 O を中心、E-F を直径とする円の最下点を G。G-A の延長から H,G-B から K を得る。

35 Hexagon inscribed in a circle

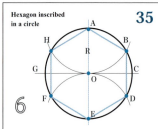

6

円に内接する正六角形 規定の円 O の半径を R とすると、A 中心に半径 R で円を描いて H と B を得る。同じく E から F と D を得る。

Heptagon in a circle (approx.)

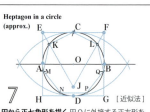

7

円から正七角形を描く 円 O に外接する正方形を EFGH とする。水平直径 AB、垂直直径を C-D とする。E-F より、正三角形の頂点 J が決定し、E-J の交点から K,F-J の交点から L が求められる。以降は C-K、C-L より残りの頂点が作図できる。 ［近似法］

37 Octagon in a circle

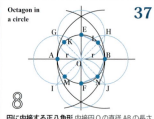

8

円に内接する正八角形 内接円 O の直径 AB の長さを 2r とする。A 中心, 半径 r と半径 2r の円, B も同様にする。円 O の最高点 E,最下点 F を中心に半径 r の円を描き GHIJ を得る。E,L,B,N,F は頂点となる。

38 Octagon in a circle

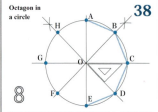

8

円に内接する正八角形を描く 円 O と水平垂直軸との交点を A,C,E,G とする。コンパスで 45°の斜線を作図（既出）して残りの頂点 B,D,F,H を得る。また、三角定規の 45°を活用してもよい。

39 Polygon from bottom line (approx.)

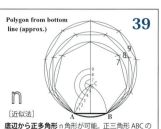

n

底辺から正多角形 n 角形が可能。正三角形 ABC の一辺 A-C を 6 等分する。(A-C) /6 の長さを、C から垂直軸に 7,8,9 のように転写する。例えば、八角形なら点 8 中心で、A,B を通る円を描けばよい。 ［近似法］

40 Polygon in a circle (approx.)

n

内接円外周を n 等分して正多角形を描く 外接円の水平直径 AB を 1～6 の点で 7 等分し、正三角形 ABC の頂点 C より、等分点 C-2 を延長して円との交点を D とすると、AD が正多角形の一辺となる。 ［近似法］

第 2 章　基本となる図法

41　Ellipse from a circle

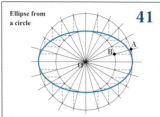

楕円を描く 同心円を大小二つ描き、より多数の放射方向の線との交点より、大円より垂線 A、小円より水平線 B を伸ばしてその交点が、楕円に乗っている。点を滑らかにつなぐと楕円となる。

42　Ellipse from large and small gemini circles

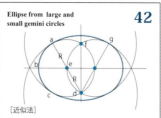

［近似法］

二種の円弧で楕円を描く 互いに半径だけ水平に離れた同一半径の円を描く。abc はこの円の一部を使い ag は、d 中心で 2 倍半径の円の一部を使う。残りの半分の円弧も同じ手順で行う。

43　Ellipse from large and small gemini circles

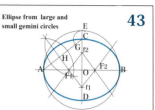

長軸 AB, 短軸 CD の楕円を描く 長軸の半分と短軸の半分との差 E-C の長さを、斜線 A-C に転写した点を G とする。A-G の垂直二等分線から F_1 と f_1 を得る。∠JF_1I の内側は、F_1 中心の円弧 JAI、∠JF_1K の内側は f_1 中心の円弧 JCK を使う。残る楕円の半分も同様

44　Parabola

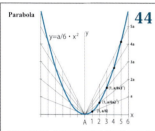

放物線を描く 水平線は等間隔な垂直線で垂直軸は、1 点を通り勾配が水平線と連動して変化する直線。両者の交差した点を滑らかにつなぐ。

45　Hyperbola

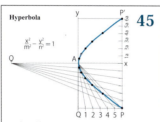

うずまき線（中心 2 点 180°‐等間隔半円） 線分 A-B を半径に、B 中心の円弧は 180° 描き、次に半径 2 倍で A を中心に円弧を 180° 描き、また半径 3 倍で B 中心に … を繰り返す。

46　Vortex 180° starts by 2 points

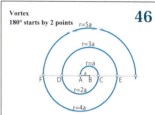

うずまき線（中心 2 点 180°‐等間隔半円） 線分 A-B を半径に、B 中心の円弧は 180° 描き、次に半径 2 倍で A を中心に円弧を 180° 描き、また半径 3 倍で B 中心に … を繰り返す。

47　Vortex 45° starts by 4 points

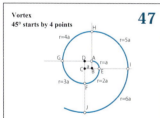

うずまき線（中心 4 点 90°‐等間隔四分円） 起点に正方形があり、その 1 頂点から 1/4 円をその一辺の長さ（=a）の半径で描いたら、次の 1/4 円を半径 2a で描き、次は半径 3a … のように拡大する。

48　Archimedes spiral 60°

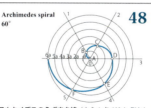

アルキメデスのうずまき線（中心 1 点 60°） 例として、60° ピッチとする。1 点より放射状に 60° 増加する線を 6 本引き、中心から一定距離（=a）だけ増加する点を順次 B（60°）、C（120°）、D（180°）… のように配置したら、その点を滑らかにつなぐ。

49　Involute spline

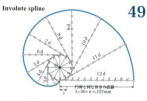

インボリュート曲線 曲線の起点 O を円の最下端とする。円の任意の半径の先端を P として、O から P までの円周上の長さを L とすると、P の接線の腕の長さが L となるようにする。複数の点 P を配置して滑らかにつなぐとインボリュート曲線が描ける。

50　Cycloid

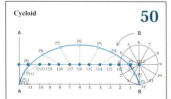

サイクロイド 円を 30° ずつ回転移動させた時の円周上の 1 点 P の軌跡を追う。P の位置の求めかたは、円の中心 O が転がって移動した位置から、半径の腕が回転する形で伸びていることを勘案して決定する。作図方法は、後述する。

51　Heart Cam

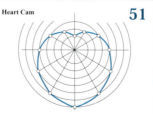

ハート曲線 中心軸を一定速度で回転させるとこれに滑りながら接する部品がピストンのような往復する運動に変換される。作図法は、アルキメデスのうずまき線と似ている。作図方法は、後述する。

52　Golden ratio spiral

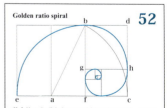

黄金比のうずまき 1/4 円弧をつなぐ図法。f 中心で、半径 ef の四分円 e-b を描く。次に g 中心で、半径 gb の四分円 b-h を描く。以下同様とする。モジュールとなっている各正方形は、黄金比の規則Φ（1.62 : 1）に従って組合わされている。

2-2. 器具を使った平面図形の作図法 *drawings of plane figure with tools*

　図形の作図法を解説します。使用する器具は、平行線を引く道具（T 定規、平行定規など）、三角定規（二種類）、コンパス、ディバイダーです。「近似法」とは、誤差を含む作図法ですが、精度はいずれも高く、実用上の問題は大きくないでしょう。正確な作図法の手順が複雑で手間がかかる場合、近似法で簡易に目的を達することができます。

1　線分の二等分線、垂直二等分線

　コンパスで点 A、B を中心とする同一半径の円を 2 つ描き、その交点 C、D を直線で結びます。円の半径は十分大きいと作図しやすいです。線分 C-D は線分 A-B の垂直二等分線であり、また交点 M は中点になっています。

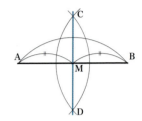

2　定点から線分に垂線を立てる

　定点 P を中心とする任意（なるべく大きめ）の半径の円弧を描き、線分との交点を A、B とします。A、B を中心とする同一半径の円から、交点 C を得たら P-C は垂線となります。

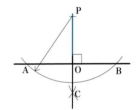

3　任意の角度の二等分

　任意の∠DOE を作図で二等分します。最初に角の頂点 O を中心にコンパスで任意の円弧 A-B を描きます。次に A を中心とする任意の円弧と、B を中心とする同半径の円弧から点 C を求めます。O-C が角度の二等分線となります。

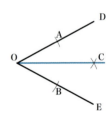

4　直角を三等分する

　∠AOB が直角とします。O を中心に任意の円弧を描き、B を中心に同じ半径の円弧を描いて交点を C とすると、COB は正三角形になります。∠COB は 60°となる。同じ方法で、∠AOD も 60°になります。結果として、∠AOC、∠COD、∠DOB はいずれも 30°となり直角 AOB が三等分されます（注：この方法は、任意角度の三等分には適用できません）。

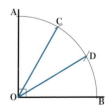

5　一般角を三等分する〔近似法〕

　角度の三等分は不可能ですが、デューラーの近似法（1525）を示しま

す。∠AOB を円 O の扇形とみなしたら、弦 AB の三等分点 C,D を求めます。(以下図の左側で解説) C から垂線をあげ円 O との交点を E、さらに AE が半径で A 中心の円が AB と交わる点を E1 とします。線分 CE1 の三等分点を G1、AG1 が半径で A 中心の円 A が円 O と交わる点を L とします。∠AOL は∠AOB を三等分する角度の 1 つです (図の右側も同様)。

Albrecht Dürers Näherung der Dreiteilung (1525)
右側は精度検証用の補助線を残しました。

6 一般角を三等分する〔近似法〕

近似的方法として、角度の二等分線を引いてから、その片側の円弧を線分とみなして三角形の底辺の三等分法で分割し、その 2/3 の点を通る直線 O-1 を三等分線の一つとして使う方法があります。残りの三等分線も線対称の操作で得られます。ただし∠AOB の角度が大きいと誤差が拡大します (線分の等分法は、2-1-2 の 8 を参照)。

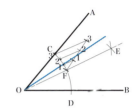

7 任意の角度を n 等分する〔近似法〕

例として任意の∠BOA を 5 等分します。O を中心とする円を描き、水平の直径を E-C として、これを一辺とする逆さまの正三角形をコンパスで作図し、頂点を F とします。円 O と線分 O-B との交点を D とし、D-F と E-C との交点を G とします。

線分 G-C を 5 等分する点を 1'…4' として、F-1' の延長線と円 O との交点を d1、F-2' のそれを d2… とすると、O-d1、O-d2… はそれぞれ角の 5 等分線となっています。

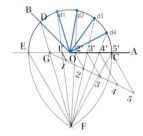

8 線分を n 等分する

端点 A から斜めに任意の角度で直線 A-C を引きます。A-1 の長さを適切に決めて 1〜5 まで等間隔の目盛りを記入する。次に点 5 と点 B をつなぎ、平行に 4-4' から 1-1' まで線を引きます。

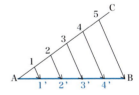

9 平行線の中を平行に n 分割する

平行な線分 A-B と線分 C-D の中を 5 等分する平行線を引きます。線分 C-D 上の任意の点 E をとり、適当に E-5 の線を引く。1、2、3、4 はそれを等間隔に分割する点とします。A-B 上の任意の点 5' と E を結びます。5-5' の線に平行に 4-4'、3-3' と引いていくと 1' から 4' までが定まります。それを通る平行線を引けば分割線が得られます。

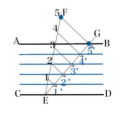

10 既定の円周から、その円の中心を求める

円の中心は、直径の二等分点である性質を利用しましょう。

任意の弦 A-B の垂直二等分線 D-C は、円の直径です。D を中心に円弧を１つ、C を中心に円弧を１つ描いて交点を E、F とすると、線分 EF と、線分 D-C との交点 O は、求める円の中心となっています。

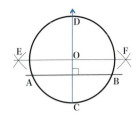

11 既定の三点を通る円を描く

弦の垂直二等分線を延長すると、円の中心 O を通過します。弦 A-B、弦 B-C から、二本の垂直二等分線を伸ばした交点 O が円の中心となります。

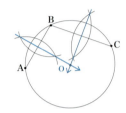

30°、60°、90°の三角形を利用すると、弦 A-B に対して、直角となる弦 B-A' を引くことができます。このとき弦 A-A' は、円 O の直径です。また、A-B は、円 O の半径になっています。

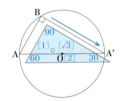

12 既定の三点を通る円を描く

円に内接する直角三角形の斜辺は直径である性質を利用する 11) の方法の応用です。

三角定規の直角頂点を点 B に乗せ、直角の一辺を B-A に合わせます。直角をはさむ残りの一辺の延長が円 O の円周と交わる点 A' を求めます。A-A' は直径ですから、その二等分点から O を求めても良いが、同様の操作を点 C に対して実行して C-C' を求めたら A-A' と B-C' の交点を求める方法でも O が得られます。

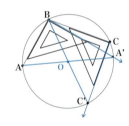

13 定点から既定の円に接線を引く

円の中心 O が既知の場合は、外部の点 P と、円の中心 O とを結ぶ線分 P-O の二等分点 C を求めます。円 C と円 O の交点 E、D が求める接線の接点です。もし、中心 O が未定の場合には、前出の方法により、円の中心を求めてください。

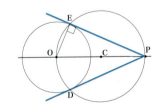

14　既定の2つの円の共通接線を引く

半径 r の円を円 O、半径 R の円を円 O' とします。半径が R-r で、O' の同心円を描き、円 O より接線 O-C を引きます。それを r だけ平行移動して、A と B を得ます。接点 B を求めるには、半径 O'-C を延長して半径 R の円 O' の円周との交点を求めます。O'-C に平行に円 O の中心から半径を描くと接点 A も得られます。

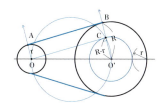

15　直角の入り隅に内接する指定半径の円弧を描く

コンパスを三回使用して頂点 C を得ると、内接円が描けます。

点 A が中心で半径 A-O の円と、点 B が中心で同一半径の円を描きます。

2つの円の交点を C とし、点 C が中心で同一半径の円を描くと内接する円弧が得られます。

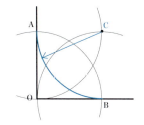

16　任意角で交差する線に、指定半径の円弧を内接させる

交差する2本の線 A-B, B-C に、半径 R の円が内接する側に、A-B と B-C に対して、それぞれ1本、距離 R の平行線を描くと、交点 O が求める円の中心となります。平行線の作図法は、平行器具がない場合は図のように垂直線を2本立てて、長さ R の線分を描いてからその端点を結びます。

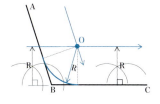

17　既定の直線、既定の円の両者に外接する指定半径の円弧を描く

中心 O で半径 R1 の円に対して、同心で半径 R1+R2 の円を描きます。直線には R2 だけ離れた平行線を描きます。両者の交点を P とすると、P を中心に半径 R2 の円弧を描きます。

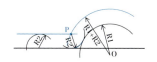

18　既定の円と直線に外接する指定半径の円弧を描く

半径 R1 の円 O に外接し、水平直線にも接する半径 R2 の円弧を描きます。最初に半径 R1+R2 で円 O と同心の円を描きます。既定の直線から R2 離れた平行線との交点を O' とします。O' を中心とし、半径 R2 の円弧を描きます。

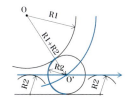

19　既定の直線に接し、同時に既定の円弧に内接する指定半径の円弧を描く

　内接される既定の円弧をO（半径R1）、内接する指定半径の円をO'（半径R2）とします。円Oと同一の中心で半径がR1-R2の円を描きます。次に、既定の直線に平行で円Oの側に距離がR2だけ離れた直線を引いて、交点を求めます。それを中心として、半径R2の円弧を描きます。

20　既定の2つの円に同時に外接する指定半径の円弧を描く

　中心Oで半径R1の円と、中心O'で半径R2の円に共通に外接する円弧の半径をR3とします。中心Oで半径R1+R3の円と、中心O'で半径R3+R2の円との交点Pが半径R3の外接円の中心となります。

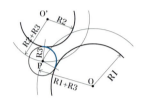

21　2つの既定の円が内接する指定半径の円弧を描く

　既定の円をO（半径R1）、O'（半径R2）、そして二つを内包する（内接する）円の半径をR3とします。円Oに、半径R3-R1の同心円を描きます。円O'には、半径R3-R2の同心円を描きます。両者の交点Pが、求める内接円の中心です。

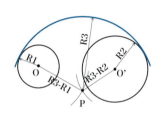

22　2本の平行線を円弧で滑らかにつなぐ

　平行な2直線の間を、2つの別々な円弧で滑らかにつなぎます。つなぎめPは、任意に設定します。Pから平行線と45°の斜線を引きます。斜線とA-Bとの交点をE、C-Dとの交点をFとします。円弧P-Fの中心Hは、線分P-Fの垂直二等分線を引いて、Fから下げた垂線との交点です。同じく円弧E-Pの中心Gを求めるには、線分E-Pの垂直二等分線を引いて、Eから上げた垂線との交点です。他の方法としてPを通る水平線を引いたら、FからEから垂線を引いて交点を求めると、中心GとHを得ることが出来ます。

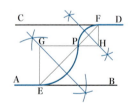

23　円に内接する正三角形

　円Oの中心を通り、垂直な直径CDを描きます。Dを中心に、半径DOの円弧を描き、円との交点AとBを得ます。このA、C、Bを直線で結ぶと正三角形となります。

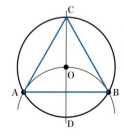

寒菖蒲 カンアヤメ」
（別名：寒咲き菖蒲）
学名：Iris unguicularis

24 一辺から正三角形を描く

底辺となる線分の両端 A、B をそれぞれ中心とし、半径 AB の円弧を描いて交点 C を得たら A、B、C を直線で結びます。三角定規を使う方法なら、内角 60°を活用して底辺から 2 辺を立ち上げます。

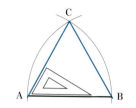

25 底辺から正方形を描く

正方形は、4 辺の長さが等しい矩形です。底辺 A-B から正方形を描くには、半径 AB で、中心が A の円と、中心が B の円を描きます。次に A、B を通る垂直線 A-G、垂直線 B-H を引いて、頂点 D や C を得ます。頂点 A、B、C、D を、結ぶと正方形となります。

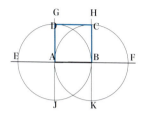

26 円に内接する正方形を描く

定円の水平の直径を A-B、垂直のそれを C-D とします。円の中心を通り、水平の角度から +45°、-45°の斜線 J-H、G-K を引くと、その円周との交点 L、M、K、P はそれぞれ正方形の頂点となっています。

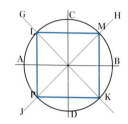

27 円に外接する正方形を描く

円の中心 O を通る 45°の斜線を引いて、円との交点 A、B、C、D を求めてから接線を描きます。

水平・垂直線でできた正方形を描きたい場合は、円の中心 O を通る水平線、垂直線との交点 a、b、c、d を活用します。

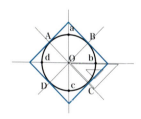

28 円に内接する正五角形(その 1)

円の中心 O から、円周に水平線を引いて円周との交点を C、D とします。点 O を通り C-D に垂直な線を伸ばして円との交点を A、B とします。線分 O-D の中点 M を中心にして、半径 MA で円弧を描き、C-D との交点を E とします。A-E は求める正五角形の一辺の長さとなっています。そこで点 A が中心に、半径 A-E で円 O の円周を 5 等分します。

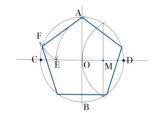

開花寸前の桔梗の蕾

29 円に内接する正五角形（その2）

1. 円Oの水平の直径をA-Bとします。半径A-Oに対する垂直二等分線C-Eを求めます。半径O-Bに対する垂直二等分線D-Fを求めます。A-OとC-Eの交点をGとし、Gを中心にA-Oを直径とする円Gを描きます。O-BとD-Fの交点をHとし、Hを中心にO-Bを直径とする円Hを描きます。
2. 円Oの垂直の直径をJ-Kとします。Kを中心とし、円Gおよび円Hに同時に外接する円Kを描きます。このとき円Kと円Oとの交点をM-Nとすると、線分M-Nは、円Oに内接する正五角形の一辺となっています。
3. 残る正五角形の3頂点をコンパスで描いたら頂点をつないで完成します。

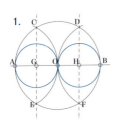
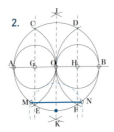
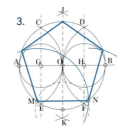

水引家紋画像
丸に桔梗紋(ききょう)

30 底辺から正五角形を描く［普及作図法］

この方法は、底辺さえ与えれば二つの重なる円と外接円を描き、五角形を完成させる方法に進化しています。この方法はよく使われる方法で、誤差は発生しません。

1. 底辺A-Bが与えられたとして、その中点Cから垂直二等分線を描き、CからA-Bの長さだけ離れた垂直二等分線上の点をDとします。
2. 延長線上でD-EがA-Bの半分の長さ（=a/2）となるような点Eを得ます。
3. 点A中心、半径AEの円弧を描き、先の垂直二等分線との交点をFとすると、Fは五角形の中央の頂点です。
4. 点Fを中心に半径aの円弧を描き、点Aからも等距離にある点が残りの1頂点、点Bからも同様の方法で、最後の1頂点が求まります。

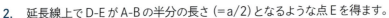

ルコウソウ

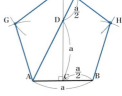

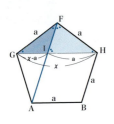

作図の解説：正五角形の対角線AFの長さが、$(1+\sqrt{3}/2) \times a$ となる性質を利用しています。左図のように、五角形に対角線を引きます。A-Fの長さの代わりにG-Hの長さをxとして求めます。二等辺三角形FGIとFGHは、角度共通により相似なので、底辺や斜辺の比も一定となります。つまり、$a : x = (x-a) : a$ です。$x(x-a) = a^2$ の二次方程式を解くと $x = (1+\sqrt{3}/2)a$ となります。

31 底辺から五角形を描く［近似法］ その1

線分 A-B（長さ a）が決まっているとします。A が中心で、半径 a の円（円 A）と、B が中心で、半径 a の円（円 B）を描きます。円 A の水平方向の直径を E-B、円 B の水平方向の直径を A-F とします。線分 A-B の中点 O を中心とし、E-F を直径とする円（円 O）を下半分だけ描きます。A-B の垂直二等分線を下ろし、円 O との交点を G とします。線分 G-A を延長して円 A と交差する上側の点を H、線分 G-B を延長して同様に得られる点を K とします。HABK は五角形の 3 辺です。この五角形の図法は手間が少なく、精度は 97.6% の近似図形です。

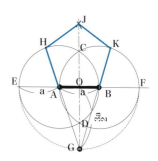

32 底辺から五角形を描く［近似法］ その2

この方法は、コンパスだけで簡単に描け、プロセスも覚えやすい。まだ二重円から正方形までについては、25) の正方形の描き方を利用します。

A-B の中点を O として、O-E を半径とする半円 GFEH を描きます。B を中心とする半径 BG の円弧が、円 A の弧と交わる点を L、同じく A を中心とする半径 AH の円弧が、円 A の円弧と交わる点を J とします。ここで、LABJ は正五角形の三辺となります。頂点 K は、B が中心で半径 AB の円弧と、A-B の垂直二等分線との交点です。

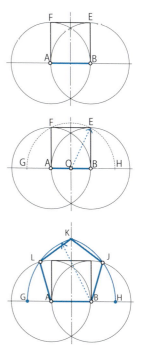

33 紡錘形の性質　*Vesica Piscis*

紡錘形とは、円弧を 2 つ組み合わせた図形です。正三角形を描くときも紡錘形から描けます。目、耳、口などを抽象化した形であり、キリスト教では、Vesica Piscis（ラテン語）と呼び、重要な図像（イコン）として多方面で応用されてきました。

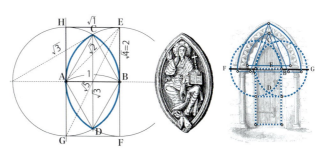

34 紡錘形から正五角形を描く［近似法］

1. 円 O の水平な直径を A-B とします。B を中心に、半径 AB の円弧を描きます。同じく A を中心に、半径 BA の円弧を描きます。円弧の交点をそれぞれ C、D とします。これにより紡錘形 CADB が得られます。
2. 円 O と同一半径で、中心を C とする円 C を描きます。円 C が垂直線 C-D と交差する点を E とします。E-A や E-B は、紡錘形に四辺が内接する正五角形の二辺です。残りの三辺は、コンパスで簡単に求められます。

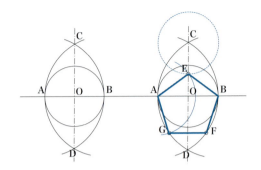

35 円に内接する正六角形を描く

円が既定で、中心 O の座標もわかっているとします。中心 O を通る垂直線を引いて点 A と点 B を得ます。点 A が中心で半径が AO の円弧を描いて外周円と交わる点をそれぞれ C、D とします。同様にして点 B を中心とする半径 BO の円弧を描いて外周円と交わる点を E、F とすると求める正六角形の頂点が全て得られます。

（注）6 辺の垂直二等分線を活用すると、正十二角形も描くことができます。

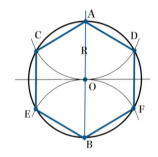

36 既定の一辺から正六角形を描く

水平な線分 A-B を、正六角形の底辺とします。中心が A、半径が AB の円 A と、中心が B、半径が AB の円 B の 2 つの交点のうち、上にあるものを点 O とします。

O を中心とし、半径を OA とする円 O と、円 A、円 B との交点を F、C とすると、FABC は、正六角形の 3 辺となっています。残りの三辺 FEDC は、円 O に内接するため一辺の長さをもとに作図することができます。

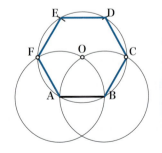

茄子の花

37 円に内接する正八角形（その1）

円が既定で、中心 O の座標もわかっているとします。中心 O を通る垂直線、水平線を引いて図のように A、B、C、D を得ます。B を中心に半径 B-O の円弧を描き、C を中心に半径 CO の円弧を描いて交点を E とすると、円 O の中心から 45°の線 O-E が得られます。同じく斜線 O-F も得られます。外周円との交点より正八角形の頂点が得られます。
（注）応用として正 12 角形も作図可能です。

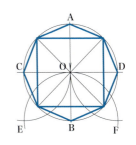

38 円に内接する正八角形（その2）

円 O と水平垂直軸との交点を、A、C、E、G とします。三角定規で 45°斜線を作図すると、B、D、F、H が得られます。
∠AOC の二等分線 O-B は、コンパスを使った「3）任意の角度の二等分」から求めることもできます。B-O を延長して、円 O との交点 F を求めます。点 H、点 D も同様に行います。

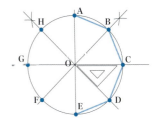

39 既定の底辺から正多角形を描く［近似法］

底辺 A-B の長さを a とし、A、B を中心にそれぞれ半径 a の円弧を引き、交点を C とします。線分 A-C を 6 等分し、A-B の垂直二等分線上に、C から上に 6 等分と同じ間隔で点 7、点 8、点 9 と順にとります。

点 7、8、9 は、それぞれ A-B を底辺とする正七角形、正八角形、正九角形の外接円の中心です。

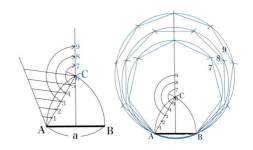

40 円に内接する正多角形を描く［近似法］

九角形の場合：円の直径を AB とし A-B を 9 等分する点を 1、2 … 8 を打つ。点 A、B を中心とするそれぞれ半径 AB の円弧の交点を C とし、点 C と 2 とを結び、その延長線と円との交点を D とすれば、A-D が正九角形の一辺です。点 A を中心に、半径 A-D で円を分割し、その点を結べば、求める多角形が描けます。

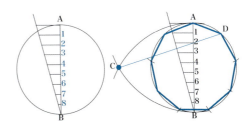

41 長軸短軸の決まった楕円を描く

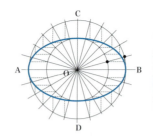

土星

楕円の中心を O、水平の直径を (長軸) A-O とし、垂直の直径 (短軸) を C-O とします。長軸短軸を直径とする大小の同心円を描いたら、中心 O を通過する任意の放射方向の線を複数作図します。O 中心の 1 本の放射方向の線と D 小円との交点からは水平線を引き、大円との交点からは垂直線を下ろします。この水平線・垂直線の交点を、くり返し適切な密度で配置し滑らかに点をつなぐと楕円が描けます。

42 同一円の重なりで楕円を描く[擬似法]

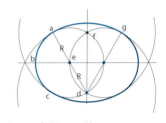

水平に半径だけずらした小円を 2 つ描きます。左の円に着目して中心を e とすると、小円の交点 d から直径 d-e-a を引いて点 a を求めます。同じく点 g も求めます。楕円を描くには d を中心に半径 ad の円弧を a-g の範囲のみ描きます。同様に e を中心に半径 ae の円弧を c-a の範囲のみ描きます。楕円の残りも同じ要領です。なお楕円の長軸の長さは、小円の半径の 3 倍となります。

43 長軸短軸の決まった楕円を描く[擬似法]

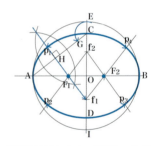

楕円の中心を O、長軸を A-B、短軸を C-D とします。点 O 中心で半径 AO の円を描き、この円と O-C の延長との交点を E とします。点 C を中心に、半径 CE の円弧を引き、線分 A-C との交点を G とします。AG の垂直二等分線と、A-B、E-D との交点をそれぞれ点 F_1、f_1 とします。F_1-O=F_2-O や f_1-O=f_2-O となる点対称の点 F_2、f_2 も求めます。さて、楕円は点 f_1 を中心に、半径 f_1-C で、p_1 から p_4 の範囲のみ円弧を引きます。同様に点 F_1 を中心に、半径 F_1-A で、p_1 から p_2 の範囲のみ円弧を引きます。残りの半分も同じ要領でくり返します。

44 放物線を描く

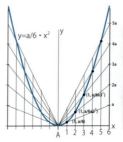

通潤橋 熊本市

水平軸は、等間隔な垂直線で、垂直軸は、原点を中心とする傾いた直線が基本となっています。図の場合、傾きは、1/6a、2/6a…と単調に増加します。a が 1 と仮定すると、x=1 のとき y=1/6 となり、x=2 のとき y=2×2/6、x=3 のとき 3×3/6 と急拡大します。これらの点を滑らかにつなぎます。

45 双曲線を描く

水平軸は、原点を通り、傾きが一定の値だけ変化する直線、垂直軸も通過点が外にあり傾きが一定の値だけ変化する直線として、両者を組み合わせた位置に、点を配置して滑らかにつなぐ。a＝1の場合なら、xa＝1のときA-1の線、ya＝1はO-1の線を見て交点を求める。

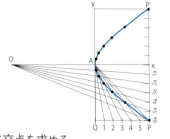

ダウンライトと双曲線

46 うずまき線（中心2点180°等間隔半円）

例として、180°ごとに半径が一定の値ずつ増加するものを図化する。線分の両端をA、Bとすると点B中心で半径ABの円弧を、180°の範囲だけ描き、次いで円弧の端点Cから点Aを中心に半径AC（＝AB×2）の円弧を180°の範囲だけ描く。以下、中心が、A→B→A…と順次入れ替わりながら、180°ごとに半径がA-Bだけ順次増加する。この場合、うずまき線の間隔は常にACの長さだけあり、一定である。

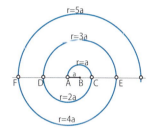

47 うずまき線（中心4点90°等間隔四分円）

例として、起点に正方形の頂点を使う場合を考える。その1頂点Aから1/4円（90°）だけ一定半径（r＝a）の円弧を描く、次の1/4（90°〜180°）は、中心を次の頂点Bに移動して2倍の半径（r＝2a）で円弧を描き、次の1/4（180°〜270°）は、中心を頂点Cに移動して3倍の半径（r＝3a）という規則で描く。うずまき線の間隔は、常に4rの長さだけあり、一定である。

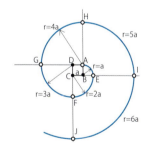

48 アルキメデスのうずまき（中心1点60°）

例として、放射形の座標の中で、原点を起点とし60°ごとに半径の長さが連続的にaだけ増加する曲線を考える。座標はA（原点）から始まり、60°の軸で半径がaの点Bを通過する、次に120°の軸で半径が2aの点Cを通過し、更に同じ規則で、D、E、Fと通過する場所を知ることが出来る。これらの点を滑らかにつなぐとアルキメデスのうずまきを描くことが出来る。

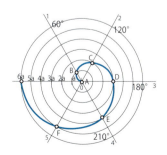

49　インボリュート曲線

中心に一定半径の円があり、それにひもの一端を固定します。円（視点と同時に）が回転すると、ひもが巻き付くときひも上の一点が描く曲線です。ひものほどける状況でも同じです。一般機械の歯車の形状の一部に使われています。角度の変化に対して、接線の伸びる割合（ピッチ）が一定です。

インボリュート曲線の作図方法を例示します。

1. 直交する2本の直線を引き、交差部を中心に直径50mmの円Oを描く場合を考えます。
2. 円Oの中心角度を12等分し、図のように時計回りに番号0〜11をふります。
3. 点0から長さ円周分（50π≒157mm）の直線を引きます。π（パイ）は円周率です。
4. 直線を12等分し、番号1'〜11'をふります。
5. 円O上の点1から接線を引きます（直角の三角定規でも可。半径O1に直角な線を作図する方法でもよいでしょう）。
6. コンパス/ディバイダーで直線0-1'の長さδをとり、接線の腕の長さとします。今回の場合157/12=13.08mmです。
7. 以下同じように2から接線の腕の長さをその2倍、3からは3倍とします。点11まで同様の方法を繰り返します。
8. 以上で求められた点0、点P1〜点P12を滑らかな曲線で結びます。

転写した先端の点を、滑らかな曲線でつなげるとインボリュート曲線となる。

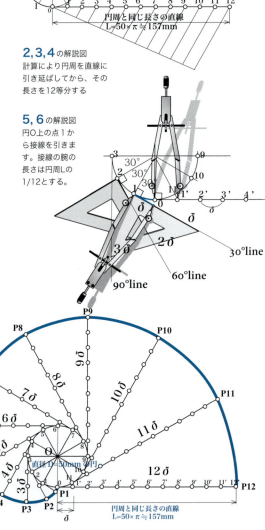

2,3,4の解説図
計算により円周を直線に引き延ばしてから、その長さを12等分する

5,6の解説図
円O上の点1から接線を引きます。接線の腕の長さは円周Lの1/12とする。

0-1'に投影された円弧の長さを、器具で転写する

50 サイクロイド

サイクロイドは、円を転がしたとき円周上の1点が動く軌跡として得られる平面曲線です。

例として円Oが、水平に時計回りに転がるときの曲線を考えます。円周を12等分して、最下点から時計回りに0、1、2....と番号をふり、一周したら点12が点0と重なるようにします。

円周を水平の線に引き延ばしたものをA-Bとして、12等分します。回転開始の点12の場所を点P0とします。

次に30°だけ円が転がったとき、円の中心はO11に移動し、円の外周はO11を中心に点P11へと回転します。

以下30°ごとにO10、O9....と円Oが転がるとき、P10、P9....と位置を特定していきます。

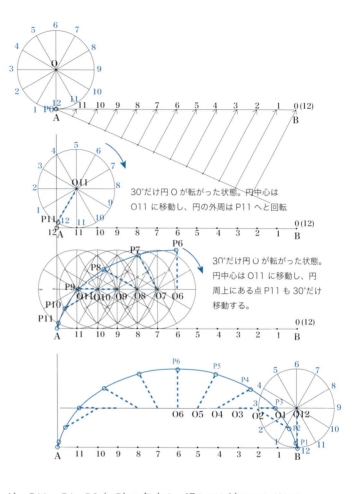

30°だけ円Oが転がった状態。円中心はO11に移動し、円の外周はP11へと回転

30°だけ円Oが転がった状態。円中心はO11に移動し、円周上にある点P11も30°だけ移動する。

円Oが一回転するまでの、P0(=A)、P11…P1、P0(=B)の各点を、滑らかな線でつなぎます。

51 ハート曲線（カム曲線）

機械ではおなじみのカムの形状です。原点の軸を等速回転するとき、密着して固定した部品が等速直線運動をします。起点からカムが30°ずつ回転したときの、垂直方向の変位（中心Oからの距離）を左のグラフに示しました。

最初A、B...と回転すると共に次第に変位が大きくなり、Fで最大となります。横軸は、軸の回転角θを表しています。単位はラジアンなので、π(180°)、2π(360°)となります。

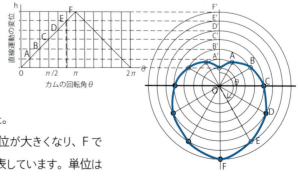

52 黄金くけいのうずまき

正方形を 2 等分し、a 中心に ab の半径で円弧を描いて c とします。ec、dc、cf いずれも 1：1.618 の黄金比となっています。

$$\Phi = (1+\sqrt{5})/2$$
$$= 1.618$$

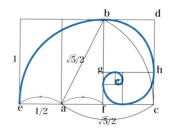

黄金くけいのうずまきの描き方

1. 正方形を 2 等分し、その底辺の中点 a から正方形の右肩 b までを半径に底辺の延長上まで円弧を描き、その交点を c とします。
2. ec 間と dc 間及び ef 間と fc 間は黄金比、1.618：1 です。
3. c から垂直線を描き、正方形の延長上の交点を d とする。
4. b、d ラインに接する正方形を描きます。
5. 残った矩形の c、h ラインに接する正方形を描き、同じ様に繰り返します。
6. 正方形の一辺を半径とする円弧を順に描いて行けば、黄金比の渦巻きが描けます。

渦巻き星雲やハリケーン、植物の形、オウムガイなど自然界には、多くの黄金比が見いだされます。ここでは、グラフィックデザイン分野からアップル・マークにおける黄金比の適用例を掲げます。円の直径値（整数）は、1、2、3、5、8....というフィボナッチ数列[*1]で、拡大してゆくと、前後間の値が黄金比に収束します。左の黄金くけいに充填された複数の直径の円を適切に活用すると、リンゴの形に合います。また、黄金比のうずまきも、☆から☆まで、あるいは○から○までが区間的に活用されています。

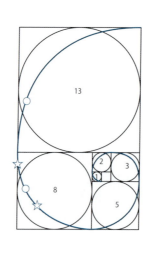
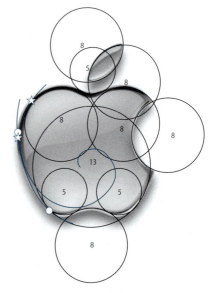

[*1] 前の 2 つの数を加えると次の数になるという数列です。ただし 1 番目と 2 番目の数は両方とも 1 です。はじめに 1 辺が 1 の正方形を 2 つ並べ、その上に 1 辺が 2 の正方形、1 辺が 5 の正方形を次々にならべて大きくなる長方形を作っていくと、長方形のたて、横の長さはフィボナッチ数です。できたものをフィボナッチ数列の長方形といいます。

第3章
図形の表し方

literacy of perspectives and views

立体を紙などの平面に表示する方法は、古くから研究されてきましたが、写真や3D画像技術が発達した現代では、簡便な記録・表示方法が存在し、手作業で図形化することは少なくなってきました。しかし、時や場所を選ばず最低限の筆記具で立体を図に表現できる技術は大変重要です。ここでは二次元媒体における表現技術の基本である投影図法についてまとめます。

from Albrecht Durer, Handbook for Draftsmen, Nuremburg 1538

図3-1　レンズのない時代に立体物を2次元に投影するには、一視点に相当するフックからヒモを張り、ヒモ線に沿った筒を片目でのぞき対象物を一点一点写し取ってゆく方法が実用の投影図法だった。

3-1. 投影図法の基本　*basics of perspective drawings*

投影図とは、三次元空間にある対象物と、そこから距離をもつ定点とを結ぶ直線が、「投影面」を通過した点を写し取ったものです。「投影面」とは像を写し取るための平面のことで、対象物と定点の間に置かれた紙やガラス面に相当するものです。

投影図法の種類

平行投影図法：視点（対象物を見る目の位置）から対象物を結ぶ直線を視線とよびます。視点が無限に遠い距離にあって視線が平行になると想定した投影図法で、投影図は対象物の実形になります。

中心投影図法：視点が比較的近距離にある一点と想定した投影図法です。対象物が投影面に近いと投影図は大きく、遠いと小さくなります。遠近感を表示する投影図法がこれに該当し、図 3-1 もこれにあたります。

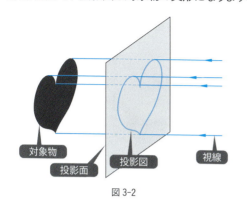

図 3-2

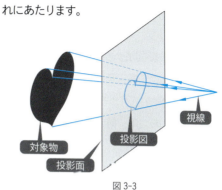

図 3-3

単面投影図法と複面投影図法

立体や形、大きさを表示する方法には、「1 枚の画面により表示する方法」（単面投影図法）と「複数の画面により表示する方法」（複面投影図法）とがあります。複面投影図法は、ヨーロッパでは「第一角投影図法」、日本やアメリカでは「第三角投影図法」が中心となり使われています。

単面投影図法：見る方向は一定で、対象物の各面が見えるように、ひとつの投影面に形を写しとる図法です。絵画的な表示になり、対象物の全体像が簡単にイメージできる図になります。

複面投影図法：対象物を様々な角度から見て、複数の投影面に形を写しとる図法です。各方向からの形状や寸法を正確に表示できます。この投影図法を学ぶと、図を見てもとの立体を把握できるようになります。

図 3-4

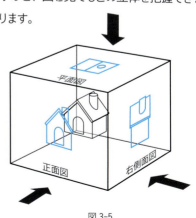

図 3-5

3-2. 正投影図法 *orthographic projection*

空間にある対象物を平面上に図形として表示するため、平行投影図法により複数の投影面に形状を表す図法を正投影図法といいます。

基本的には、水平と垂直の2つの投影面が用いられます。この2つの投影面により、4つの空間ができます。この4つの空間のうち、「第一角」に対象物を置いて投影する方法を「第一角投影図法」とよび、「第三角」に対象物を置いて投影する方法を「第三角投影図法」と呼びます。

第一角と第三角を使用する場合では、図面の配置が異なります。また、第二角、第四角は使用しません。

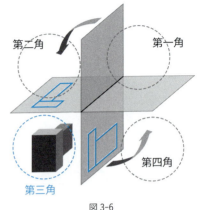

図 3-6

3-3. 第三角投影図法 *trigonometry of drafting*

対象物の正面図を中央に配置し、原則として右側面図を正面図の右側、平面図を正面図の上に配置します。左側面、底面図も同様にそれぞれ正面図の左側、下側に配置し、背面図は右側面図のさらに右側（または左側面図のさらに左側）に配置します。対象物は必要なだけの図で形を表します。図 3-9 の場合、左側面図・底面図は省略できます。そのため対象物の特徴をよく表している面・加工上重要性の高い面を正面図（主投影図）として選び、正面図で表せない部分を他の図で補足します。

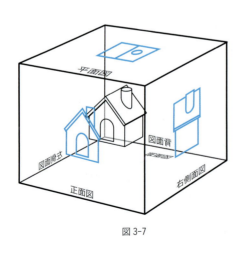

図 3-7

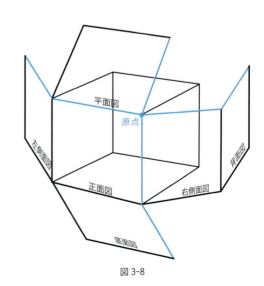

図 3-8

第三角投影図

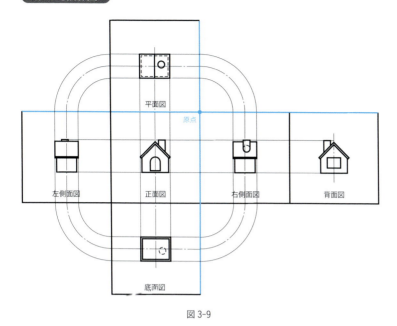

図 3-9

回転体は二面で表す
ことができる

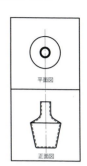

図 3-10

第一角投影図

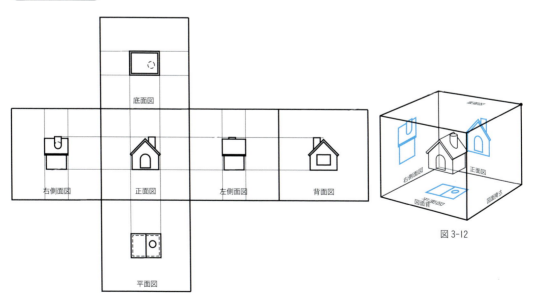

図 3-11

図 3-12

3-4. 立体の基本と名称　*types and names of 3D objects*

　立体とは、表面が複数の平面や曲面で構成された三次元の図形です。そのうち平面だけで構成されたものを多面体とよび、曲面または曲面と平面によって構成される立体を曲面体とよびます。曲面体の基本的なものに円柱や円錐、球などがあり、これらは回転体ともいわれます。

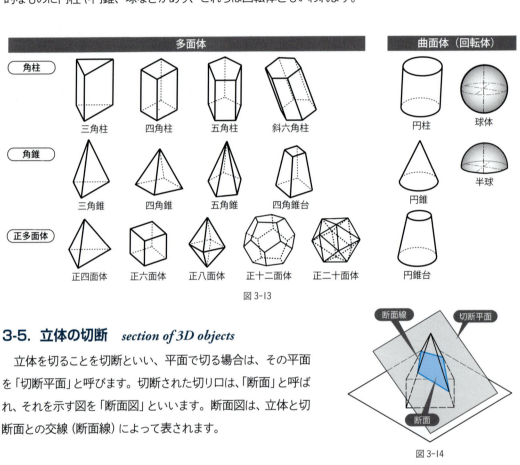

図 3-13

3-5. 立体の切断　*section of 3D objects*

　立体を切ることを切断といい、平面で切る場合は、その平面を「切断平面」と呼びます。切断された切り口は、「断面」と呼ばれ、それを示す図を「断面図」といいます。断面図は、立体と切断面との交線（断面線）によって表されます。

図 3-14

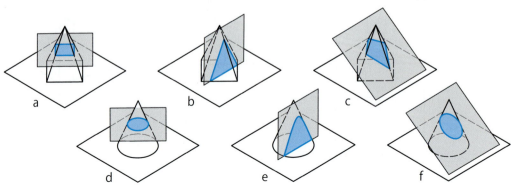

図 3-15

第3章 図形の表し方

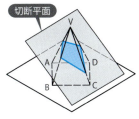

図 3-16

正四角錐を斜めに切断した場合の作図手順

切断面の「平面図」の作図手順（図 3-17）

① 正四角錐 V-ABCD の稜線を V-A、V-B、V-C、V-D とする。「正面図」において、切断平面 (t-t) と正四角錐の各稜線の交点 e'、f'(h')、g' を求める。

② 交点 e'、g' と「平面図」で対応する稜線との交点 e、g を求める。

ここでは、「正面図」における稜線 v'-b' と切断平面の交点 f を「平面図」に作図できない。

③ そこで、「正面図」の f' を通り、「平面図」に水平な平面 T-T（補助平面）で切断し、交点 h'_1 を求める。

④ 「正面図」における交点 h'_1 と「平面図」に対応する稜線との交点 h_1 を求める。

⑤ 切断される立体は「正四角錐」であるから、$vh_1 = vf (= vh)$ となるので、交点 f、h が求められる。

⑥ 交点 e、f、g、h を結べば、平面図における断面形状が描ける。

⑦ 「平面図」の稜線 (a-e、b-f、c-g、d-h) を実線で引いて仕上げる。

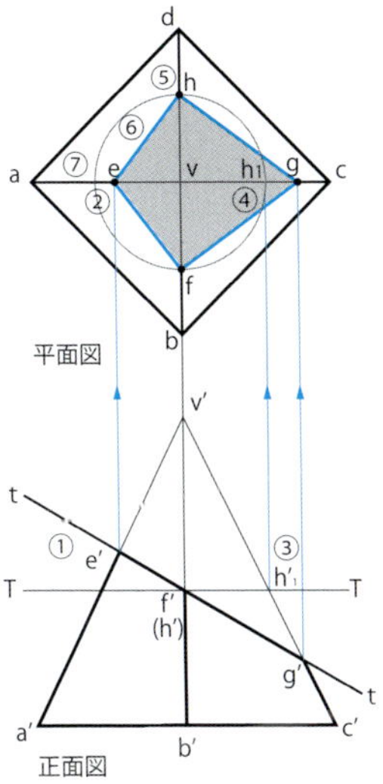

切断面の実形（断面図）の作図手順（図 3-18）

① 「正面図」において、t-t と a'-c' の延長線の交点を I とする。交点 I を通る垂直線を描く。平面図と正面図の間の任意の位置に水平線を描き、交点を O とする。t-t と O-I のなす角度を $a°$ とする。

② 「正面図」における切断平面 (t-t) と正四角錐の各稜線の交点 e'、f'(h')、g' を交点 I を中心に $a°$ 回転させる。

③ 「平面図」で対応する交点 e、f、g、h を交点 O を中心に 90°回転させる。

④ ②から水平線、③から垂直線を描き、交点 E_1、F_1、G_1、H_1 を求める。

⑤ 交点 E_1、F_1、G_1、H_1 を結べば、切断平面 (t-t) で切断したときの断面の実形となる。

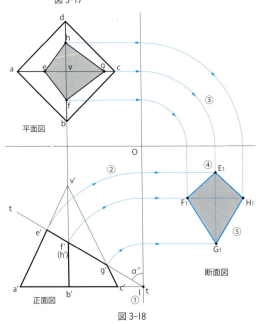

図 3-17

図 3-18

3-6. 展開図　*development plan*

立体の各表面を平面に広げることを「展開する」といい、展開された図を「展開図」といいます。球体などの曲面体は、平面上に展開できません。

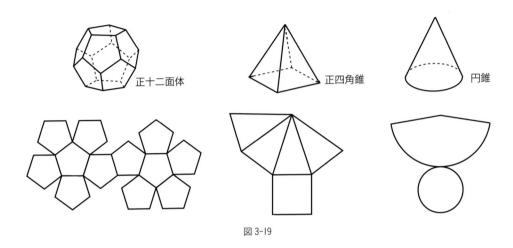

図 3-19

正四角錐を斜めに切断した立体の展開図の作図手順

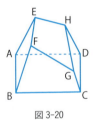

図 3-20

正四角錐の展開図の作図手順

① 「正面図」の v'-c' に平行で、同じ長さの線 v_1-c_1 を引く。

② v_1 を中心に半径 v_1-c_1 の円弧を描く。

③ 正四角錐の底面の長さはどれも同じ。「平面図」の底面の一辺の長さ a-b をコンパスであわせ、c_1 を中心に半径を描く。②の円弧との交点を D とする。

④ 同様に交点 A、B、C を求める。

⑤ v_1-C-D-A-B-C を実線で結び、稜線 v_1-C、v_1-D、v_1-A、v_1-B を描く。

⑥ 底辺のいずれかに接して、一辺の長さ a-b の正方形を描く。

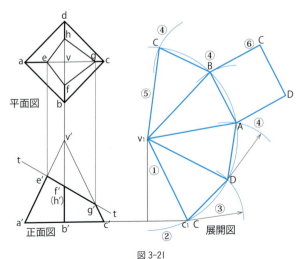

図 3-21

展開図の断面線の作図手順

⑦「正面図」の四角錐と切断面との交点 e'、f'(h')、g' から水平線を引き、v_1-c_1 との交点を e'_1、f'_1、g'_1 とする。

⑧ v_1 を中心に半径 v_1-e'_1、v_1-f'_1、v_1-g'_1 の円弧を3つ描く。

⑨「正面図」v'-c' 上の点が g' なので、「展開図」の辺 v_1-C と半径 v_1-g'_1 の円弧との交点が G となる。同様に交点 H、E、F を求める。

⑩ G-H-E-F-G を結べば、断面線となる。

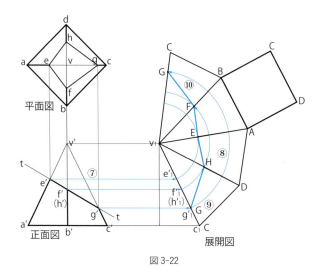

図 3-22

展開図の断面図の作図手順

「断面図(断面の実形)」を展開図の対応する辺に接して作図する。

⑪ コンパスで「断面図」の対角線 E_1-G_1 の長さをとり、「展開図」の点 G を中心に円弧を描く。
「断面図」の E_1-H_1 の長さをとり、「展開図」の点 H を中心に円弧を描く。それぞれの円弧の交点から「展開図」の点 E_2 を求める。

⑫ 同様に「断面図」から E_1-F_1 と G_1-F_1 の長さをコンパスでとり、展開図の点 F_2 を求める。

⑬ H-E_2-F_2-G を結べば、断面図が描かれる。

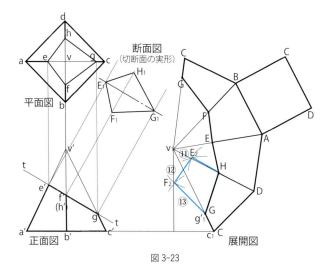

図 3-23

3-7. 相貫体　*intersecting objects*

複数の立体がお互いに交わることを「相貫」といい、相貫する立体を「相貫体」といいます。その投影図を「相貫図」といい、それぞれの立体が交わる線を「相貫線」といいます。

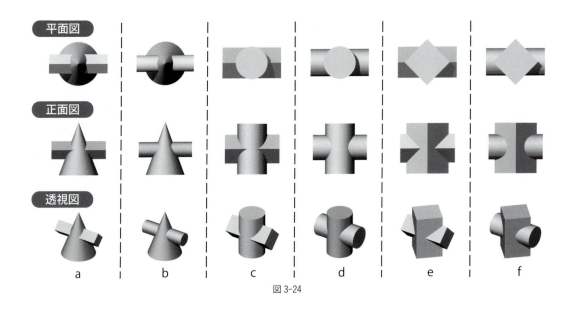

図 3-24

四角柱と円柱の相貫体の相貫図の作図手順

① 図の大きさと配置を考え、「正面図」「平面図」「右側面図」を分ける水平線と垂直線を細線で描く。

②「正面図」に、これから描く相貫体の中心線を垂直に描く。また、図の基準となる線（ここでは、横に刺さる円柱の中心線）を水平に描く。

③ 正確な形が分かる図から描きはじめる。この相貫体は、「平面図」から描くとよい。

④ ③からコンパスで補助線を引き、「右側面図」に立体 A を細線で描く。立体 B の外形線も細線で描く。

⑤「平面図」と「右側面図」から「正面図」に立体 A の外形線を描く。
　「正面図」に立体 B の円を描く。

立体 A と立体 B の境（相貫線）の作図手順

⑥「正面図」において、立体 A と立体 B の相貫線は立体 B の円周に重なる。
　立体 B の円を 24 等分（15°に分割）し、円との交点を 1、2、3…13 とする。

⑦ ⑥のそれぞれの交点から「平面図」に垂直線を引き、立体 A と立体 B の交点を 1'、2'…7' とする。

⑧「平面図」の交点 1'、2'…7' から水平線を引き、コンパスで回転させ、「右側面図」に垂直に補助線を引く。

「正面図」の交点 1、2、3…13 から「右側面図」に水平線を引き、対応する交点 P_1、P_2、P_3…P_{13} を求める。

⑨ 交点 P_1、P_2、P_3…P_{13} を雲形定規で滑らかにつなぎ、相貫線を描く。

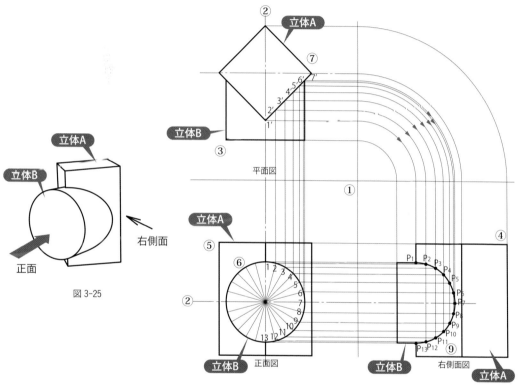

図 3-25

図 3-26

3-8. 軸測投影図法　*axonometric projection*

マニュアルや組み立て図などに多く用いられているのが、「軸測投影図法」による図です。

「第三角投影図法」は対象物を投影面に平行に置いて描きますが、「軸測投影図法」では対象物を投影面に対して角度をつけて置いて、斜め方向から見て描きます。

これにより、対象物の各面の関係をひとつの投影面上に表すことができます。

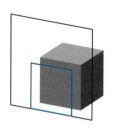
図 3-27　第三角投影図法

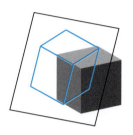
図 3-28　軸測投影図法

3-9. 等角投影図法　*isometric projection*

「軸測投影図法」のうち、下図のようにある特殊な状態にしたときの投影図法を「等角投影図法」とよびます。投影図の中心角が全て 120°で、3 軸全ての長さが実長の約 82%と一定になる図です。

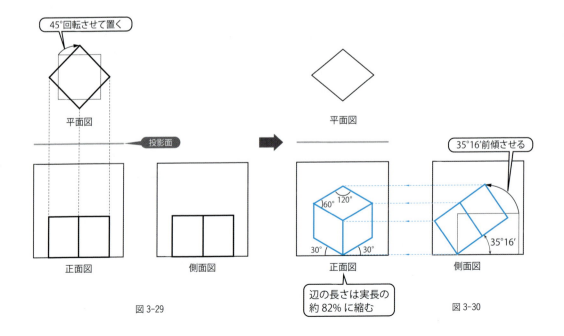

図 3-29

図 3-30

等角図法（アイソメトリック図法）

作図しやすいように、等角投影図を約1.2倍して、実長で描くものを等角図とよびます。目で見た形に近く表示でき、対象物の寸法をそのまま使って作図できるため、広く用いられています。

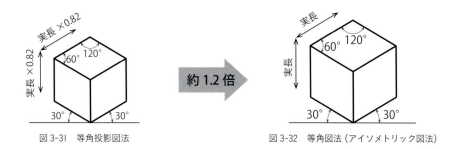

図 3-31　等角投影図法　　　　　　図 3-32　等角図法（アイソメトリック図法）

3-10. 斜投影図法　*oblique projection*

「斜投影図法」は対象物の一面を投影面に平行に置き、斜め方向から見て描きます。投影面に平行な部分は実物の大きさ、形状が描かれます。

より正確な立体感を表現するためには奥行き方向や高さ方向の縮み率が関係します。角度では30°、45°、60°がよく使われます。図中のaは実長を表しています。

カバリエ投影図法
　正面図の形がそのまま使用できる。3軸とも実長で表す。

キャビネット投影図法
　正面図の形がそのまま使用できる。奥行方向の軸の長さを実長の1/2で表す。

ミリタリ投影図法
　平面図の形がそのまま使用できる。高さ方向の軸の長さを実長の1/2で表す。

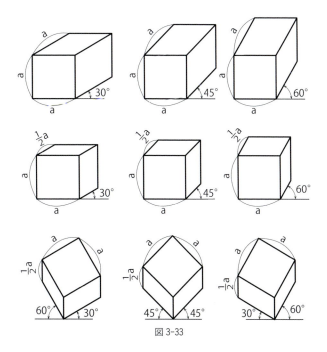

図 3-33

3-11. 等角投影図法の楕円　*ellipse in isometric projection*

円形を傾けると「楕円」に見え、その角度によって楕円は変化します。

等角投影図法やアイソメトリック図法では、主に 35°16' の楕円を描きますが、通常 35°楕円定規を用いて作図します。

円柱を傾けて置いた時の天面の見え方

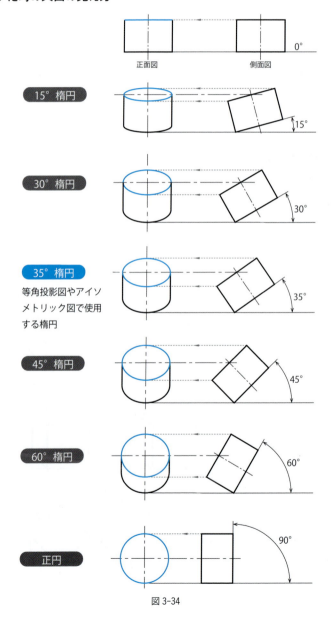

図 3-34

3-12. 等角図（アイソメトリック図）の作図　*drawing of isometric view*

3-12-1. 立方体のアイソメトリック図の作図手順

1. 水平と垂直線を描き、その交点から左右それぞれに 30°傾斜した線を描く。

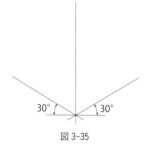

図 3-35

2. 各辺の実長 a をとる。高さを取った点から左右それぞれ 30°傾斜した線を描く。

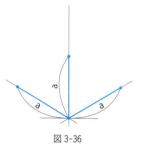

図 3-36

3. 上辺も実長を取り、下辺と垂直線でつなげる。

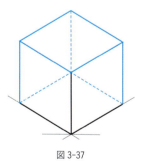

図 3-37

3-12-2. 円のアイソメトリック図

　円は正方形に内接しているので、正方形の各辺の中点で接しています。

　円のアイソメトリック図も正方形のアイソメトリック図の各辺の中点に楕円が接するように描きます。

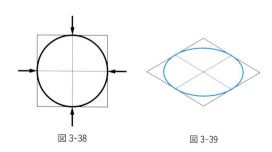

図 3-38　　　　図 3-39

簡易的な円のアイソメトリック図の作図手順

1. 正方形のアイソメトリック図の各辺の垂直二等分線を描く。

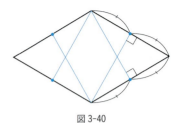

図 3-40

2. 交点を中心に両端の小さな円弧を描く。

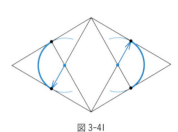

図 3-41

3. 上下の頂点を中心に大きな円弧でつなぐ。

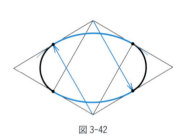

図 3-42

アイソメトリック図の作図例

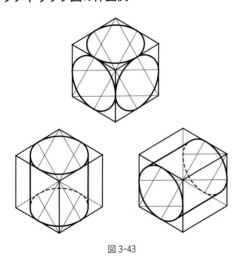

図 3-43

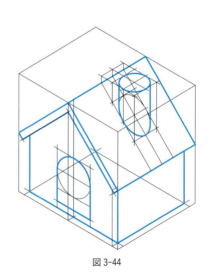

図 3-44

3-12-3. アイソメトリック図の作図手順の例

第4章 図4-1図面「おもちゃの家」をもとに描くアイソメトリック図（注：尺度は異なる）

1. 各部の寸法を割り出しやすい直方体を描く。この場合、煙突を除くおもちゃの家の外形がぴったり入る直方体を描く。

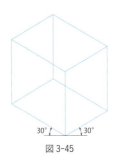

図 3-45

2. 外形から内側に入るおもちゃの家の底面を描く。

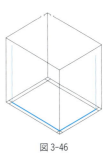

図 3-46

3. 屋根を描く。45°の勾配なので、水平：垂直が1：1の傾きになる。

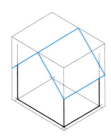

図 3-47

4. 屋根の厚みを描く。屋根に接する壁の高さから厚みの線が通過する点を求める。

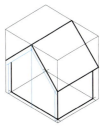

図 3-48

5. 屋根の端から厚みの線を描く。屋根の勾配が 45°なので、屋根の傾きと平行な線になる。

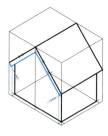

図 3-49

6. ドアの大きさが入る長方形を描く。円弧部分は楕円を描く。

図 3-50

7. 煙突の天面が入る正方形を描く。

図 3-51

8. 煙突が屋根と接する部分の四角形を描く

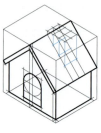

図 3-52

9. 上下の楕円をつなげて煙突を描く。

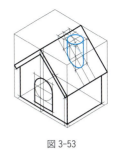

図 3-53

3-13. 等角図の応用　*practices of isometric view*

3-13-1. 平面と曲面で構成される立体

丸みのある立体では、辺には円柱、角には球が入っていると考えます。

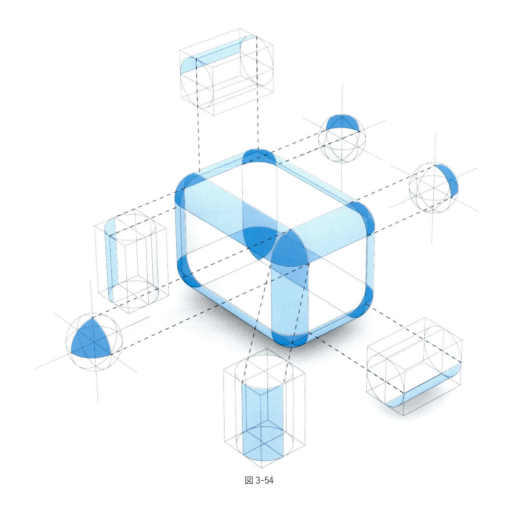

図 3-54

3-13-2. スケッチ図

　スケッチ図は簡単なスケッチに、寸法や材料など必要な事項が記入されたものです。分かりやすくするため、着彩することもあります。アイソメトリック図法を理解していると短時間で、簡単にフリーハンドのスケッチ図が描けるようになります。

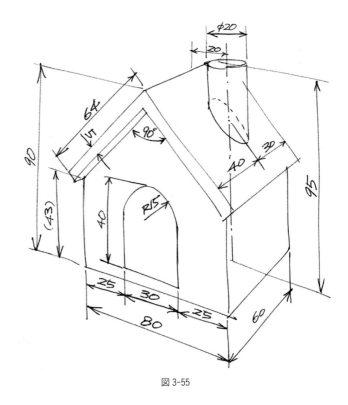

図 3-55

第4章
製図の基本

basics of drawing

物の形を言葉で伝えるのは難しく、絵画のような表現では正確さにかけますが、共通の約束事に従って作られた図面ならば誰でも同じように理解できます。共通の約束事は日本工業規格（JIS）の製図法で決められています。それにより対象物の形は図面によって正確に伝えることができ、図面を用いることで、関係者はさまざまな情報を共有することができるようになります。図面を作ることを製図と言います。

図4-1は、第3章で学んだ第三角投影図法（第三角法）で描かれています。立体をすべての方向から描くと6面図になりますが、他の面からでも容易に理解できる面は省略します。この「おもちゃの家」の図面では左側面図と底面図が省略されています。このような図面をどのように描いていくのか、この章では器具製図（P63 表4-1参照）の基本を解説します。

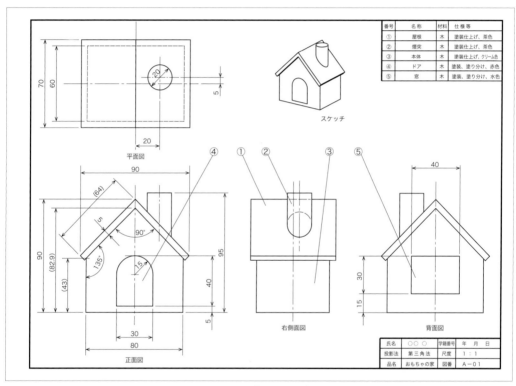

図4-1　図面「おもちゃの家」

4-1. 製図用語　*term of drawing*

　製図用語には規定があり、国際規格の ISO 10209-1、-2 に準じて日本工業規格 JIS が定められています。デザイン分野で必要な JIS に基づいた製図に関する基本的な用語は以下になります。

製図に関する基本的な用語

表 4-1

用語	その意味とデザイン分野の付記
製図	図面を描くこと（製図する）、図面そのものも意味する。
図面	規則に従って描いた図・線図・文字による技術情報。 「設計図面」「組立図」「部品図」「断面図」など。
図形（図）	視覚的イメージを、図法に従って線として表現した図のこと。 見えない部分や、動きなども表現することがある。
詳細（図）	対象物を詳細に説明するために、部分を拡大などをして描かれた図面。
器具製図	定規、コンパス、型板などを使い製図をおこなうこと。
CAD 製図	コンピュータを使って製図をすること。
フリーハンド製図	製図器具を用いないで製図をおこなうこと。
仕様書	素材、特徴などの技術的な必要情報を記載する書類。

図面の様式と尺度

　図面を構成する要素についての規則を図面の様式と呼び、そこには尺度の規定もあります。

表 4-2

用語	その意味とデザイン分野の付記
輪郭（線）	用紙の縁にある余白のこと。 用紙の周囲の損傷によって図面の内容が失われないようにもうけてある。 その線を輪郭線と言う。
表題欄	図面右下に、図面のタイトル、図面番号、作成者属性などの必要なことがらを記入する欄。
部品欄	図面上に記された部品のリストで、図面の右上隅か右下隅（表題欄の上部）に設け、表題欄に応じた大きさとする。
尺度	図形の拡大や縮小の比を示したもの。尺度または S（Scale）で表す。
現尺	現寸とも呼ばれる。実際の大きさと図面の大きさが同じ。尺度 1：1 と表す。S = 1/1 とも記す。
倍尺	現物が細密なものは拡大して図面化する。 2 倍の大きさに拡大した図面は、尺度 2：1 と表す。S = 2/1 とも記す。
縮尺	現物が大きなものは縮小して図面化する。 5 分の 1 の大きさに縮めた図は、尺度 1：5 と表す。S = 1/5 とも記す。

　日本工業規格 JIS のうち Z 8310 から Z 8318 までは製図法についての規約を定めたもので、デザイン分野での製図は、機械製図を基本としています。建築製図はインテリアデザインに、土木製図は環境デザインに関連しています。

図学、あるいは製図にかかわる JIS は以下になります。

表 4-3

規格分類	規格番号	規格名称
総則	Z 8310	製図総則
用語	Z 8114	製図 − 製図用語
(1) 基本的事項に関する規格	Z 8311 Z 8312 Z 8313 Z 8314 Z 8315	製図 − 製図用紙のサイズ及び図面の様式 製図 − 表示の一般原則 − 線の基本原則 製図 − 文字 − 第 0 部〜第 10 部 製図 − 尺度 製図 − 投影法 − 第 1 部〜第 4 部
(2) 一般的事項に関する規格	Z 8316 Z 8317 Z 8318 B 0021 B 0022 B 0023 B 0024 B 0025 B 0026 B 0031	製図 − 図形の表し方の原則 製図 − 寸法記入法 − 一般原則、定義、記入方法及び特殊な指示方法 製図 − 長さ寸法及び角度寸法の許容限界記入方法 製図の幾何特性仕様 (GPS) − 幾何公差表示方式 − 形式、姿勢、位置及び揺れの交差表示方式 幾何公差のためのデータム (幾何学的基準) 製図 − 幾何公差表示方式 - 最大実態交差方式および最小実態交差方式 製図 − 交差表示方式の基本原則 製図 − 幾何公差表示方式 - 位置度交差方式 製図 − 寸法および交差の表示方式 - 非剛性部品 製品の幾何特性仕様 (GPS) − 表面性状の図示方法
(3) 部門別に独自な事項に関する規格	A 0101 A 0150 B 0001	土木製図通則 建築製図通則 機械製図
(4) 特殊な部分、部品に関する規格	B 0002 B 0003 B 0004 B 0005 B 0006 B 0011 B 0041	製図 − ねじ及びネジ部品 − 第 1 部〜第 3 部 歯車製図 ばね製図 製図 − 転がり軸受け − 第 1 部〜第 2 部 製図 − スプライン及びセレーションの表し方 製図 − 配管の簡略図示方法 − 第 1 部〜第 3 部 製図 − センター穴の簡略図示方法
(5) 図記号に関する規格	Z 3021 C 0617 C 0303 Z 8207	溶接記号 電気用図記号第 1 部〜第 13 部 構内電気設備の配線用図記号 真空装置用図記号
(6) CAD 用語 　　 CAD 製図	B 3401 B 3402	CAD 用語 CAD 機械製図

4-2 図面用紙の大きさについて　*dimensions of drawing paper*

　図面用紙の大きさは、「JIS Z8311製図－製図用紙のサイズおよび図面の様式」に決められています。製図では、JIS規定のA1〜A4の用紙を使用します。紙の縦横比は、1：$\sqrt{2}$です。A1は縦横が594×841（mm）で、この長辺を半分にするとA2になります。同様に長辺を半分にしてA3、さらに半分にしてA4となります。A0はA1の2倍の大きさです。例えば、A3用紙の大きさを297mm×420mmと覚えておけば、A4でもA2でもすぐに計算できるので便利です。

表 4-4　図面用紙の大きさ

用紙の名称	大きさ　短辺×長辺
A0	841 × 1189mm
A1	594 × 841mm
A2	420 × 594mm
A3	297 × 420mm
A4	210 × 297mm

図 4-2　図面用紙

4-3. 図面の輪郭線　*outline of drawing*

　図面であることをはっきりさせ、また内容の保護のために用紙の内側に線で縁取りをします。その線を「輪郭線」と呼び、極太の線で描きます。一般的に用紙は横置きで使い、左が綴じる側になります。用紙がA4や表す内容によっては、紙を縦長に使うことがあります。その時でも同様に左側を綴じることになります。A4横置きの場合は、綴じる側は上になります。

図 4-3　図面の輪郭

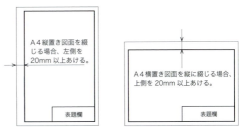

図 4-4　A4の縦置きと横置きの輪郭

4-4. 表題欄　*title block*

　どのような図面かを示すのが表題です。JIS 製図では、右下に表題欄を置き、表題を記入して図面の種類や内容を明らかにします。

学生向け表題欄の例

表 4-5

氏名	山田花子	学籍番号	AB123	日付	2016.5.1
投影法	第三角法	尺度		1：5	
品名	椅子	図番		椅子 A-1	

表題欄は必要な情報を記入するために適宜調節します。

　図面は、表題欄が表に出るように、左側はファイルに綴じる部分を残して折りたたみます。そのため表題欄は図面の右下に置きます。部品欄を記入する場合、表題欄の上に書き足すか、右上に置きます。

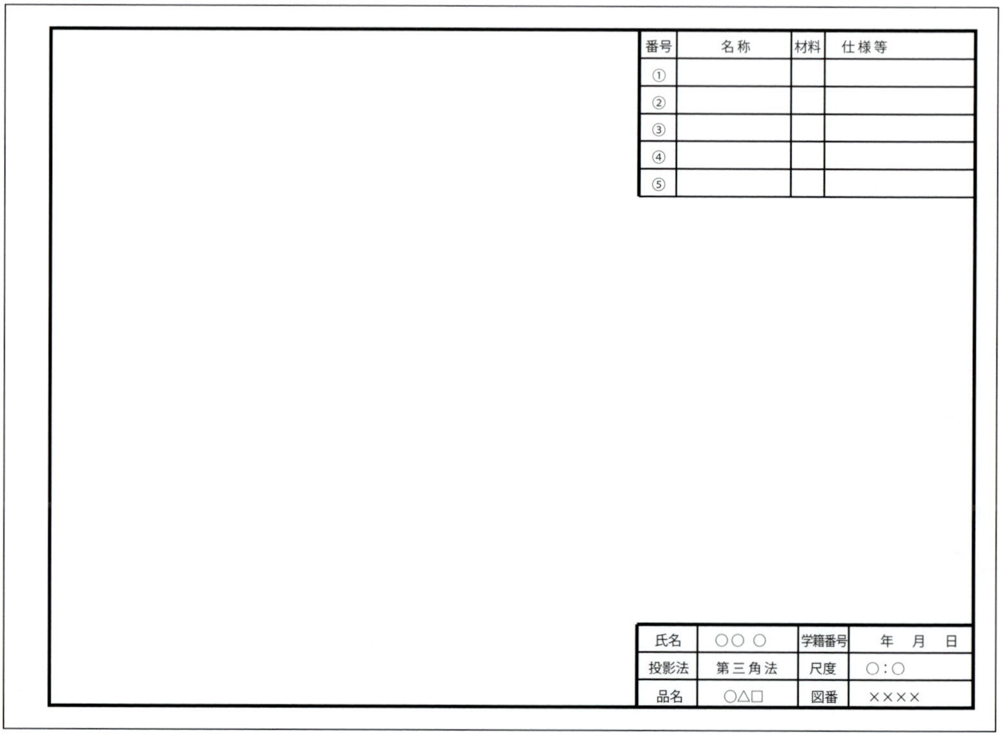

図 4-5　表題欄の位置（必要ならば部品欄を置く）

第 4 章 製図の基本

製図用紙のたたみ方

大きな製図用紙は、たたんで A4 でファイルします。ファイルしやすく見やすいたたみ方があります。

A3 用紙を A4 ファイルに綴じる折り方

1. A3 は長手方向を半分に折ると A4 になります。
2. 上の用紙をさらに半分に折ります。綴じる部分と表題欄が見えてきます。
3. A4 にそろえて完成です。表題欄と部品欄が見えるようになります。

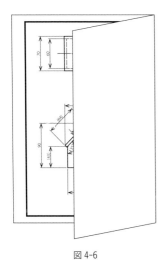

図 4-6

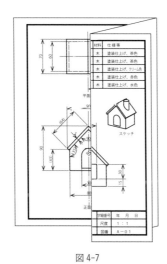

図 4-7

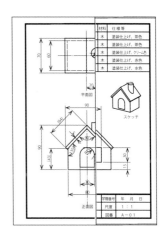

図 4-8

A2 用紙を A4 ファイルにとじる折り方

1. A2 用紙を横に置き A4 の高さ（297mm）で折ります。
2. 折った部分の左角を上に三角に折ります。左に穴を開けて閉じる場合に重ならないためです。

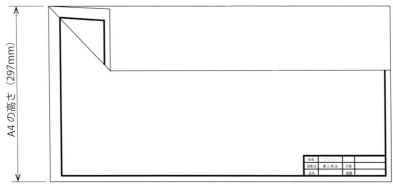

図 4-9

3. 左から A4 の幅 (210mm) で折ります。

4. 上にある紙の端を右側に揃えて折り返します。表題欄が見えるようになります。

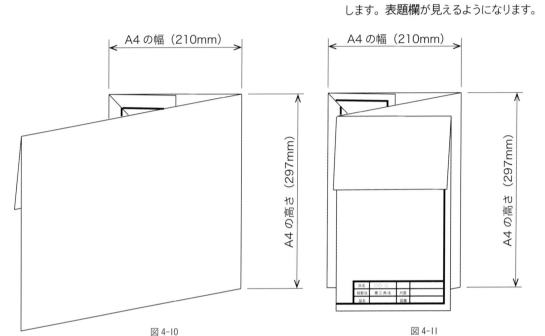

図 4-10

図 4-11

5. A4 に揃えます。

6. 右の垂れている部分を三角に折り上げて完成です。

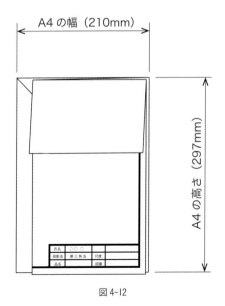

図 4-12

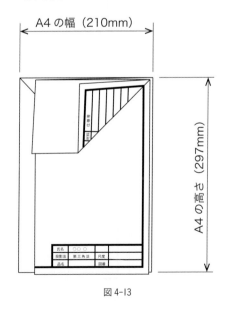

図 4-13

4-5. 尺度　*scale of drawing*

　図面にする対象物と用紙により、図面に表す図の大きさを調節します。それが尺度です。現尺は、物と図の大きさが同じで、現寸、実寸とも言います。小さなものは拡大して図を描きます。これを倍尺と言い、実際の物の 2 倍、5 倍などの大きさで図を描きます。縮尺は、大きな物を実際よりも小さく図に描く場合の尺度です。

　尺度は、「図で描かれるもの」:「実際の大きさ」で表記されます。図と実物が同じ大きさの現尺なら 1：1、図の方が 2 倍の大きさになる 2 倍尺なら 2：1、図が 5 分の 1 の大きさになる 5 分の 1 の尺度なら 1/5：1、つまり 1：5、と表記します。尺度には推奨する値があり、使いやすい数値が選ばれています。1 枚の図面に複数の尺度を用いる場合は、主な尺度だけを表題欄に示します。

　また、尺度は Scale とも言い、S＝1/1、S＝2/1、S＝1/5 などとも表記されますが、意味は同じです。

表 4-6　推奨する尺度「JIS Z8314 製図−尺度」より

種別	推奨する尺度				
現尺	1：1				
倍尺	50：1	20：1	10：1	5：1	2：1
縮尺	1：2	1：5	1：10		
	1：20	1：50	1：100		
	1：200	1：500	1：1000		
	1：2000	1：5000	1：1000		

4-6. 線　*lines*

　図面では、形の境界（稜線や外形）を線で表現します。形を正確に伝えるために線に意味を持たせて、何を表すかによって異なる太さや形状の線を使い分けます。

　参照：「JIS Z8312 製図−表示の一般原則−線の基本原則」

4-6-1. 線の種類　JIS Z8312、JIS Z8321（CAD に用いる線）

太さによる線の種類

　実用となる線の太さは、「細線、太線、極太線」の 3 種類です。太さの比は、1：2：4 で規定されていて、太さを違えてはっきり区別しやすく描きます。製図ペンや、パソコンの製図ソフトでは線の太さも 0.18、0.25、0.35、0.5、0.7、1.0、1.4、2.0mm などがあります。線の太さが 1：2：4 になるように組み合わせて、図面用紙の大きさにより太さを選びます。

　手書き図面でシャープペンシルを使用する場合、鉛筆芯の太さ 0.3mm、0.5mm、0.7mm を揃えておくと良いでしょう。図面用紙の大きさと内容により適切な芯の太さを選びます。大きい用紙では小さい用紙より線を太くして見やすくします。芯の硬度は、文字は HB、細線は H、太線は H〜HB が使いやすいですが、筆圧や用紙の種類、好みによって選

表 4-7　線の組み合わせ例

細線	太線	極太線
0.18	0.35	0.7
0.25	0.5	1.0
0.35	0.7	1.4
0.5	1.0	2.0

単位 mm

びます。線幅を一定にするにはシャープペンシルの先端を定規類にピッタリと当て、筆圧を一定にします（P12 図 1-18 参照）。そのためシャープペンシルは先端のストレートな部分が 4mm 以上あるものを選びます。シャープペンシルでも傾けると線幅が太くなり、線がぼやけます。

形状による線の種類

　線の形状には 4 種類あります。これらの線は、形の区別がはっきりしていることが大切です。
　(1) 実線　　(2) 破線　　(3) 一点鎖線　　(4) 二点鎖線

表 4-8　4 種類の線の引き方例

線の名称	線の形	線寸法の例
実線	———————	———————
破線	− − − − − −	3〜5mm / 1mm
一点鎖線	− − ・ − − ・ − −	10〜20mm / 3mm
二点鎖線	− − ・ ・ − − ・ ・ − −	10〜20mm / 5mm

太さと形状による線の種類

線は、太さと形状により意味が異なります。意味を理解して線の種類を正確に使い分けることが重要です。デザインで用いられる線の基本は、以下になります。

表 4-9　おもな線の種類と用途

名称	定義	線の形	解説
・外形線 ・稜線	太い実線	——	図面の中では、対象物の外形を示す図形が最も重要である。図形を明確に理解するために、見える部分の外形線または稜線（面と面が接して形を作る部分）はよく目立つ太い実線で描く。
・寸法線 ・寸法補助線 ・引出線 ・ハッチング （断面を示す） ・短い中心線	細い実線	—— //////// ＋	一般的に形を表さない線である。形の線とはっきり区別するため細く描く。寸法線の両端の記号（矢印など）は、やや太く描く。断面の形の線の内部をハッチングと言う細い実線の斜線等で満たす。中心を示すには、短い細い線で十字に描く。
・破断線	フリーハンドの波形 細いジグザグ線（直線）	～～～ —/\—/\—	対象物の一部分を破りとる線を示したり、長い対象物の中間部を破断して短縮して図示する場合に、破断線（細いジグザグ線、またはフリーハンドの波形）を描く。 （注）同じ図面ではどちらかに統一する。
・特殊な用途	極太実線	━━━	必要があって特に太く描く場合に用いる。 例：輪郭線、切断線の両端・屈曲部など
・かくれ線 （外形、稜） ・かくれ線 （外形、稜）	太い破線 細い波線	━ ━ ━ ━ - - - - -	外形線の裏側にかくれて見えない部分の形状は太い破線で表す。かくれ線は図形を複雑にしないように必要に応じて描く。太い破線では表しにくい場合は細い破線で描く。
・中心線 ・対称線 ・軌跡線	細い一点鎖線	—・—・—・—	中心線は、図形の中心を表し、細い一点鎖線で描く。形が軸に対して左右または上下など対称の場合には、その中心軸（対称軸）を細い一点鎖線で、短い場合は細い実線で描く。軌跡線は形が動く場合、移動した軌跡を表すのに用いる。
・切断線	細い一点鎖線と 太い実線	↑　　↑ A　　A	対象物の内部の形をあらわす断面図を描く場合、その切断位置を示す。細い一点鎖線で描くが、切断線の両端には、どこから見るのか方向を示す矢印と記号をつけ、切断線の両端部、屈曲部などの要所の線は太くする。
・特別な範囲を表す線	太い一点鎖線	━・━・━	特別な要求事項を適用する範囲を表す線として用いる。
・想像線 ・仮想線	細い二点鎖線	—・・—・・—	物の動く範囲を示す。 対象物ではないが隣接する物の形状を仮に示す。 加工前の部品の外形線や切断面の前方に位置する部品を表す。

4-6-2. 重なる線の優先順位について

同じ位置で 2 種類以上の線が重なる場合には、優先順位に沿って線を描きます。

1. 見える外形線（太い実線）および稜線（太い実線）
2. かくれた外形線および稜線（太い破線、または細い破線）
3. 切断位置を示す線（細い一点鎖線：端部および方向の変わる部分を太くする）
4. 中心線および対称を示す線（細い二点鎖線）
5. 寸法線（細い実線）
6. 寸法補助線（細い実線）

線と線の間隔について

平行な複数の線があってまぎらわしい場合は、最も太い線の線幅の 2 倍以上か、0.7mm 以上の隙間をあけます。

4-6-3. 線の使い分け例

「おもちゃの木の車」で、線の使い分けを示します。

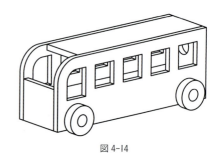

図 4-14

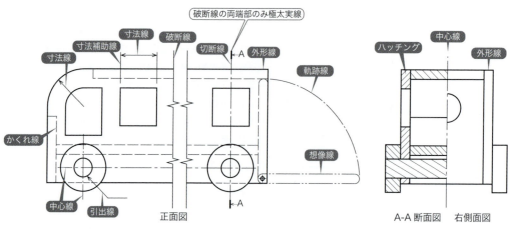

図 4-15

4-7. 文字　*letters and characters*

　図面では、線で描かれる図形に加えて、寸法や説明、指示などの文字が記入されます。製図で使用する文字は、数字、英字、漢字、カナ（ひらがな・カタカナ）があり、JISで規定されています。

　文字の大きさは「文字の高さ」で表します。高さは表4-10の基準値から選びます。基準値はありますが、実際の大きさは、文字により異なります（手書き文字の書き方参照）。

表4-10　文字の基準値：文字の高さ

数字、ラテン文字	2.5	3.5	5	7	10（5種）
カナ	2.5	3.5	5	7	10（5種）
漢字	なし	3.5	5	7	10（4種）

単位はmm

　漢字は小さいと読みにくくなるので、2.5mmはありません。また、特に必要がある場合には、基準値にこだわりません。

4-7-1. 数字、ラテン文字、記号

　数字、ラテン文字の書体は、種類や大きさ、文字の線の太さについて「JIS Z 8313-0 製図－文字－第0部：通則」で細かく規定されています。手書きの場合も、癖のない文字で読む人のことを考えてわかりやすく丁寧に書きます。

【書体】：明瞭な書体を選びます。一連の図面で異なる書体の混用はしません。
【斜体／直立体】：文字が右に15度傾いているのを斜体、文字が傾いていないのを直立体と言います。どちらでも選べますが、一連の図面で斜体と直立体の混用はしません。
【太さ】：明瞭にするために太さはJISで細かく規定されています。

4-7-2. 漢字、ひらがな、カタカナ

　漢字、ひらがな、カタカナは国際規格のISOに規定はありませんが、「JIS Z 8313-10 製図－文字－第10部：平仮名、片仮名及び漢字」に沿って表記します。

【漢字】：漢字は常用漢字を用います。画数の多い漢字は、小さいと印刷時につぶれる可能性があります。明瞭に書けない場合はカタカナで代用できます。
【ひらがな、カタカナ】：日本語表記では、漢字以外は「ひらがな」または「カタカナ」のいずれかに統一します。ただし、外来語・学術名・注意を促す表記では「カタカナ」を用います。
【太さ】：数字、ラテン文字、記号の場合と同じです。

10mm	12ABab（＝断面あいアイ	10mm	*12ABab（＝*
7mm	12ABab（＝断面あいアイ	7mm	*12ABab（＝*
5mm	12ABab（＝断面あいアイ	5mm	*12ABab（＝*
3.5mm	12ABab（＝断面あいアイ	3.5mm	*12ABab（＝*
2.5mm	12ABab（＝あいアイ	2.5mm	*12ABab（＝*

図 4-16　直立体の文字例　　　　　図 4-17　斜体の文字例

手書き文字の書き方

　文字の基本は、正確な情報をつたえるため明瞭に書くことです。鉛筆や製図ペンなどで読みやすく均一に書くために、文字は高さと線の太さをそろえます。

　日本語では、漢字、ひらがな、カタカナ、数字、大小ラテン文字が混在します。手書きの場合、漢字を基準にして、それ以外はやや小さくすると読みやすくなります。慣れないうちは、文字の高さを揃えるために、細く補助線を引くのも良い方法です。数字、ラテン文字、記号は、直立体、斜体どちらも使えますが一連の図面ではどちらか一方に統一します。

　文字を書く手順としては、最初に文字の高さで細く補助線を引きます。漢字はそのままいっぱいに大きく書きます。ひらがな、カタカナ、数字、ラテン文字は、上下基準線の内側に細く補助線を書き、その中に一回り小さく書きます。

直立体の手書き文字例

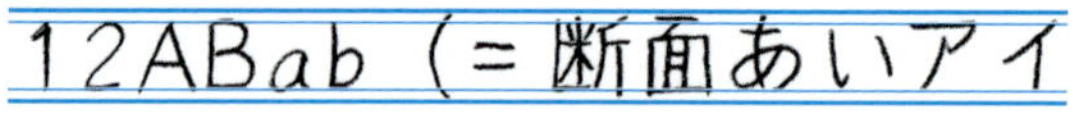

12ABab（＝断面あいアイ

斜体の手書き文字例（15°傾く）

12345ABFGJabfgj（＝+-

図 4-18　手書き文字例

4-7-3. CAD 製図における文字

　デジタル化（CAD）図面での文字も、読みやすさを優先して書体を選択し、大きさ・太さ・行送り・字送りなどの書式を統一します。

　CAD 製図に対応して、文字に関連した JIS X 0201 規定や JIS X 0208 規定（JIS コード）ができました。パソコンでは多くの書体がありますが、読みやすい書体を選び、用紙に適した大きさを選びます。

　文字の大きさは高さを基準とし、単位にはポイントと級があります。1 ポイントは 0.353mm、1 級は 0.25mm です。これをもとに JIS 規格の 10、7、5、3.5、2.5mm の文字の大きさを設定します。例えば、10 ポイントの文字は高さ 3.53mm、14 級は 3.5mm になります。CAD でも、読みやすいように調整されているので文字の基準寸法と実際の文字の大きさは一致しません。

　JIS による文字の大きさの規定とポイント、級のおおよその関係は表 4-11 のようになります。

表 4-11

文字の高さ	ポイント	級
10 mm	28 ポイント	40 級
7 mm	20 ポイント	28 級
5 mm	14 ポイント	20 級
3.5 mm	10 ポイント	14 級
2.5 mm	7 ポイント	10 級

CAD 製図の文字の特徴

　Windows や MacOS で利用する「ShiftJIS」は多くの CAD ソフトで使われる共通の規則となっていて、異なる OS やソフトウェアでも CAD データの文字が正しく表示されるようになっています。

TrueType フォント

　フォントとは、同じ様式で一連の文字の形状をデザインしたものや、コンピュータ用の文字形状データのことです。CAD ソフトで利用する文字フォントは、OS やソフトウェアにより異なる場合があります。TrueType フォントは、文字を輪郭線で表現したアウトラインフォントで、マイクロソフト社とアップル社が共同開発した技術を使用しているため、両方の機種のコンピュータで使えるフォントです。異なる機種でも使えるためには、それぞれのコンピュータ上に同じフォントが用意されている必要があります。

プロポーショナルフォントと固定ピッチフォント

　文字の幅がそれぞれの文字によって異なるものを「プロポーショナルフォント」と呼び、マイクロソフト社の Windows OS のフォント表示では「P」と言う文字が入っています。例えば「MS P ゴシック」があります。プロポーショナルフォントは文字と文字との間に不自然な空白が入らないため、見た目がきれいに表示されます。すべての文字の幅が同じものを「等幅フォント」といいます。文字の幅が一定であるため見た目は良くありませんが、全角の文字と半角の文字の区別が明確に視認できます。例えば「MS ゴシック」あります。読みやすい製図にするためには、はっきりと明瞭なフォントを選びます。

CAD ソフトで使える文字、使えない文字

　以前は機種依存文字と呼ばれていましたが、機種独自の文字もあります。それらの文字は、互換性で問題が発生することがあり、たとえば Windows の特殊文字はアップル社の Mac OS では正しく表示されないことがあります。基本的に、互換性のない機種依存の特殊文字は使用しない方が良いでしょう。
　CAD で利用できる文字は、JIS X 0208 で規定されています。非漢字の中には、機種依存文字ではない括弧記号、数学や論理学で使う学術記号や、単位記号、一般記号があり、例えば表 4-12 の記号などは互換性があるので、どの機種でも使用できます。

表 4-12

Shift JIS	0	1	2	3	4	5	6	7	8	9	A	B	C	D	E	F
8740	①	②	③	④	⑤	⑥	⑦	⑧	⑨	⑩	⑪	⑫	⑬	⑭	⑮	⑯
8750	⑰	⑱	⑲	⑳	Ⅰ	Ⅱ	Ⅲ	Ⅳ	Ⅴ	Ⅵ	Ⅶ	Ⅷ	Ⅸ	Ⅹ	・	ミリ
8760	キロ	センチ	メートル	グラム	トン	アール	ヘクタール	リットル	ワット	カロリー	ドル	セント	パーセント	ミリバール	ページ	mm
8770	cm	km	mg	kg	cc	㎡	・	・	・	・	・	・	・	・	平成	
8780	〃	〃				上	中	下	左	右	㈱	㈲	㈹	明治	大正	昭和
8790	≒	≡	∫	∮	Σ	√	⊥	∠	L	∆	∴	∩	∪			

4-8. 手描き製図の作図の手順　*steps complete drawings*

　手描き製図 (2 次元の描画ソフトによる作図も含みます) は、第 3 章で学んだように 3 次元の立体を 2 次元の平面で表すのですが、日本では第三角投影図法 (第三角法) と言う図法に従って表現します。第三角法では、正面図・背面図は幅と高さ、左・右側面図では高さと奥行き、平面図・底面図では幅と奥行きの情報が表されます。

　「おもちゃの家」をガラスケースの中に浮かせて外から見ると、ガラス面にはこのような図が見えます。

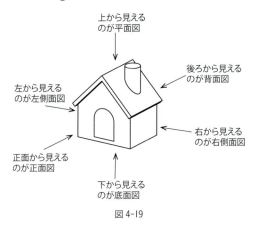

図 4-19

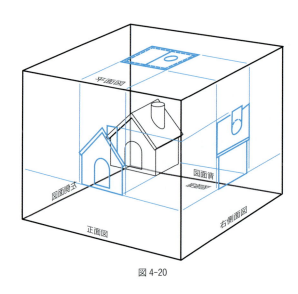

図 4-20

ガラスケースをさいころキャラメルの箱のように広げます。ガラスケースを平らに広げると十字架を横にしたような形になります。正面図を中心とし、平面図・正面図・底面図が幅を同じくして縦に並び、左側面図・正面図・右側面図・背面図が高さを同じくして横に並びます。

ここでは正面図・平面図・右側面図が共有する点を原点とします。右側面の奥行きは原点を中心とする円弧により平面に移され、右側面図の奥行きは平面図の奥行きと同じになります。これでわかるように、それぞれの面は互いに関係しています。このようにして、幅・高さ・奥行きの3次元を紙の上の2次元で表現することができるのです。

図面を読む場合は、逆に、各面を頭の中で幅・高さ・奥行きに組み立て、立体として把握します。

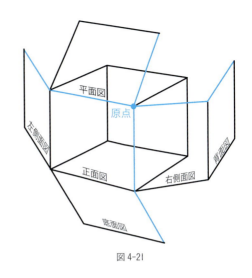

図 4-21

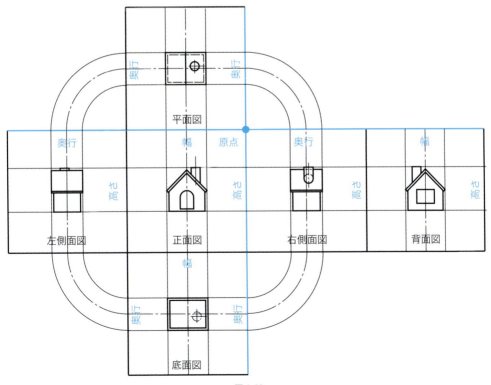

図 4-22

製図では、常に6面すべてを描く必要はありません。必要な情報が表されていれば、それ以外の面は省略します。一般的に三面図と言われるように、主たる正面図・平面図・右（左）側面図の3面があれば幅・高さ・奥行きとなる必要な情報が表されることが多いようです。コップのような回転体は正面と側面が同じ形をしているので、正面図と平面図で十分です。

「おもちゃの家」の場合、正面図・平面図・右側面図・背面図があれば十分なので、左側面図と底面図は省略します。

では、「おもちゃの家」の図面を描いてみましょう。手順は以下のようになります。

1. 図面にする対象物の大きさから、縮尺と図面用紙の大きさを選びます。「おもちゃの家」の図面を描く場合、尺度1：1でA3用紙に入るので、用紙はA3が良いでしょう。

A4くらいの用紙でフリーハンドで図面を描くと、用紙と図の大きさをつかみやすくなります。

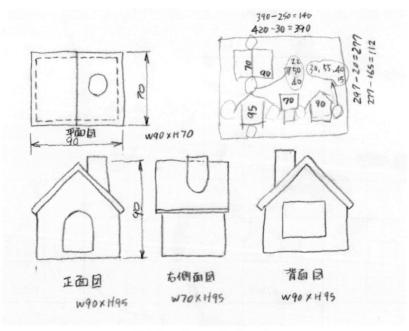

図4-23　フリーハンドのポンチ絵

2. A3用紙を横に置き、輪郭線を極太の実線で描きます。次に表題欄と部品欄のスペースを細い実線で描きます。表題欄・部品欄は図面の内容により、後で調節できます。

図 4-24

3. この「おもちゃの家」では正面図、平面図、右側面図、背面図の4面を描きます。寸法などを記入するスペースを考えて配分よく面をわける線を引き、交点を原点とします。下描きはすべて細く薄い実線で描きます。

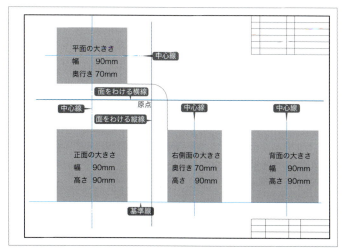

図 4-25

細い一点鎖線で中心線と、細い実線で基準線を描きます。図形の下端を基準線にするとわかりやすいです。

4. 形を考えながら、形や大きさが決定した部分の下描きを細く薄い実線で描き進めます。

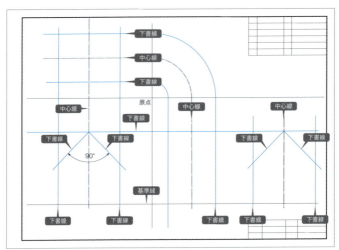

図 4-26

5. 家の基本的な形、煙突、ドア、窓の下描きを細く薄い実線で描きます。

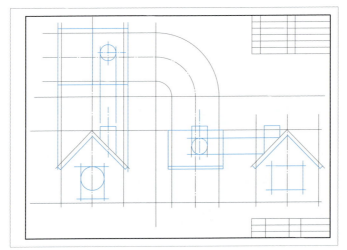

図 4-27

6. 外形線は太い実線、隠れ線は破線など線の形と太さは、表 4-8 と 4-9 に従って図形を仕上げます。スケッチを追加すると理解しやすくなります。

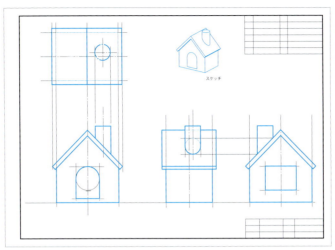

図 4-28

7. 寸法を記入します。寸法記入については第 5 章で詳しく解説します。部品を拾い出して番号を付け、部品欄に記入します。

表題欄、部品欄の内容を記入し、図面を完成させます。鉛筆で描く場合は、下描きの線は細く薄く描いているので消す必要はありませんが、もし見づらかったり誤解しそうであれば、字消し板を使って不要な線だけ消し、形の線を消さないように注意します。

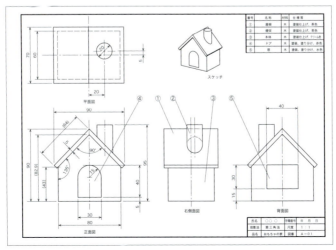

図 4-29

美しく正確な図面を描くためのヒント

　美しい、正確な図面を描くにはいくつかコツがあります。コツをマスターすれば、誰にでも美しく正確な作図ができます。

1. 線の太さ、形に注意します。外形線は太い実線、中心線は細い一点鎖線、下描き・引き出し線・寸法補助線は細い実線、寸法線の両端の矢印などは太く、それぞれはっきり区別を付けます。隠れ線は用紙や内容により太い破線または細い破線で描きます。手描きの場合、線に強弱やかすれが出ないように一定の力で描きます。
2. 寸法の数字、文字等は読みやすいように書きます。
3. 形の線は不足しないように描きます。多少はみ出るのは許されます。

外形線どうしのつなぎ方

「おもちゃの家」のドアの例

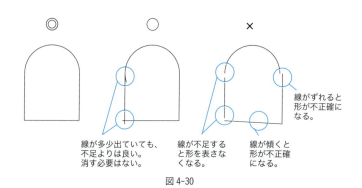

図 4-30

外形線と隠れ線の関係

「おもちゃの家」の煙突の例

　隠れている形の連続性を示すには、形の奥にある隠れ線を、見えている形から離して描きます。この例では、煙突の奥にある屋根は煙突で切り取られていないことを示しています。

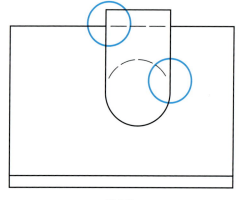

図 4-31

第5章
寸法の記入法

notation method of dimensions

手描き図面（パソコンの2次元描画ソフトによる作図を含める）では、楕円や自由曲線は、なめらかに連続する円弧に分解して表されます。つまり、図面上の形は直線と円弧で表され、数値で規定されます。近年の3次元CADの発達により、楕円や自由曲線で作図して機械生産することが可能になりました。

　共通の約束事としてのJIS機械製図規格は何度か改正されています。「JIS機械製図」は、主にISOとの整合性をとるために、2000年に「JIS B 0001：2000」に改正されました。さらに、図面作成のCAD化が急激に進んだことやISO製図規格の改正などから、2010年に「JIS B 0001：2010」に改正されました。
　寸法記入に関して、旧JISで描かれた図面を目にすることがあるかもしれません。業界によっては最新のJISとは異なる表記があるかもしれません。それらを間違いとせず、図面として正しく読み取る必要があります。作図者としても、図面を読む側としても、JISの改訂は知っておく必要があります。国家資格である「機械・プラント製図技能士」などの技能検定試験では、JISにそった表記でなくてはいけません。

　ここでは、手描き図面での寸法記入について、2010年版「JIS B 0001：2010」にそって解説します。

5-1．寸法記入の基礎　*basics of notate dimensions*

　寸法は図面の中で極めて重要な情報です。ものは図面に従って作られるので、誰が見てもわかりやすい、正確な寸法の記入が求められます。それには、図面を読む人の立場を十分考慮して記入することが大切です。寸法は、寸法補助線、寸法線と両端の記号（矢印など）、寸法数値で形の大きさや方向、位置や動きを図面上に表わすものです。
　寸法記入にはいくつかの要点があります。それらの要点をおさえておけば、わかりやすく正確な図面が描けます。

① 寸法は、寸法線と両端の端末記号（矢印など）、寸法補助線を用いて2点間の距離や角度を寸法数値で示す。寸法数値の単位は一般的にはmmで、単位記号はつけない。（図5-1、図5-2、図5-3参照）
② 寸法補助線は、細い実線で形から1mm離して、形に対して垂直に描く。（図5-2、図5-3参照）
③ 寸法線は、細い実線の両端に端末記号の矢印などをつけ、寸法補助線とともに、どこからどこまでかを示す。
④ 寸法数値は、寸法線の上側、中央に記入する。縦位置にある寸法線の場合、用紙の左側を上、右側を下と想定して、縦位置の寸法線の左側、中央に寸法数値を記入する。（図5-2、図5-3参照）
⑤ 単純な図形の場合、斜めの形に対して長さを示す場合は、原則として形の線に垂直に寸法補助線を描き、形の線に平行に寸法線を描く。寸法数値は、寸法線の上側の中央に書くのが原則なので、

角度がついた場合でも、傾いた寸法線の上側が寸法数値を記入する位置になる。(図 5-4、図 5-5 参照)
⑥ 角度を表す時は、形を延長するように寸法補助線を描き、角度を作っている形の交点を中心とする円弧で寸法線を描く。寸法数値の記入は③と同様である。(図 5-6 参照)
⑦ 寸法は、基準とする点や線、または面を決め、そこを起点として記入する。(図 5-7 参照)
⑧ 円の大きさは、直径で表す。(図 5-8 参照)
⑨ 円弧の大きさは、半径で表す。(図 5-9、図 5-10 参照)
⑩ 円弧の長さ、正方形、厚さ、45°面取りは、寸法補助記号を用いて表すことができる。(表 5-1、図 5-11 〜 14 参照)

表 5-1 寸法補助記号の種類

記号	意味	呼び方	書き方例とその意味
φ	円の直径、または 180°を超える円弧の直径	まる、ふぁい	φ50 ：直径 50mm
R	半径	あーる	R25 ：半径 25mm
⌒	円弧の長さ	えんこ	⌒41.08：円弧の長さ 41.08mm
□	正方形	かく	□50 ：1 辺 50mm の正方形
t	厚さ	てぃー	t10 ：厚さ 10mm
c	45°面取り	しー	C5 ：5mm 幅で 45°斜めにカット

　寸法線の両端につける端末記号には矢印（モノ作り系に多い）、黒点（インテリア系に多い）、スラッシュなどあります。この本では、もののデザイン製図で使うことが多い「矢印」を基本的に使います。矢印の形は細く広がらないようにし、寸法線よりやや太くします。寸法線は寸法補助線から離れてはいけません（寸法記入の基礎 ①、③参照）。

寸法線の両端にある矢印は寸法補助線から離れず、飛び出さない　　寸法補助線は、寸法線の両端にある黒点の中心を通る　　寸法補助線は、寸法線と両端にある斜線との交点を通る

図 5-1　寸法線の両端の記号例

5-1-1. 横方向の寸法表示

「おもちゃの車」や「おもちゃの家」を例として、寸法を記入してみましょう。

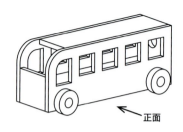

一番良く形を表している面を正面として正面図を作り、形の最大幅と高さを記入します。単位はmmで、単位記号のmmは書かず数値のみ書きます。

車の横方向のどこからどこまでの寸法かを示すために、寸法を表したい形の線の両端から寸法補助線（細い実線）を垂直方向に形の図から離れる方向に描きます。寸法補助線は、形には直接つけず、縦方向に1mm以上離します。これにより寸法補助線の実線と形の実線を区別します。補助線を描かずに形に直接寸法を描くことは基本的にしません。

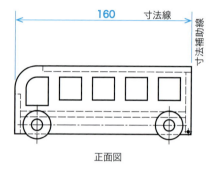

図5-2　横方向の寸法数値と記入例

寸法補助線の間に、形から十分（15〜20mm以上）に離して寸法線（両端に矢印などの記号のある細い実線）を描きます。寸法線の両端の端末記号は寸法補助線に接し、始まりと終わりを示します。寸法数値は、寸法線の上側、中央に寸法線に沿って記入します。数字は図形や用紙から、読みやすく書きやすい大きさを選びます。

5-1-2. 縦方向の寸法表示

縦方向のどこからどこまでの寸法かを示すために、寸法を表したい形の線の両端から寸法補助線（細い実線）で水平方向に形の図から離れる方向に描きます。寸法補助線は、形に直接つけず、横方向に1mm以上離します。これにより寸法補助線の実線と形の実線を区別します。

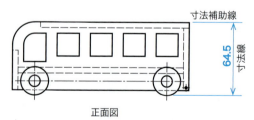

図5-3　縦方向の寸法数値と記入例

形から十分（15〜20mm以上）離して、寸法補助線の間に寸法線を描きます。寸法数値は、縦位置の寸法線の左側中央に、下から上に寸法線に沿って記入します。

5-1-3. 斜めの長さの寸法表示

　原則として斜めの形の長さを示すには、形に対して直角に寸法補助線を描き、形に平行に寸法線を入れます。寸法補助線は、形から 1mm 離します。寸法数値は、寸法線の上側に書くのが原則なので、角度がついた場合でも、傾いた寸法線の上側が寸法数値を記入する位置になります（図 5-4、図 5-5 参照）。寸法数値が寸法線内に入らない時は、寸法補助線より外側に寸法線を長くし、端末記号の矢印は外側から内側に向けて描き、外に伸ばした寸法線上に数値を書きます。(図 5-4 参照)

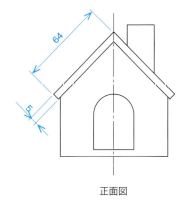

図 5-4　傾いた形の寸法記入例

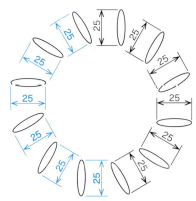

図 5-5　傾いた寸法線と数値の記入例
　　　　青は形より下に数値を記入した例

5-1-4. 角度の指定

　角度を作っている形から延長して 2 本の寸法補助線を描き、どこからどこまでかを示す円弧の寸法線を描きます。寸法補助線は形から 1mm 離します。寸法線の円弧の中心は、角度を作っている形の線の交点になります。角度の数値も他と同じように寸法線の上側中央に記入します。数値には角度の単位「度」を表す「°」を付けます。「度」以下の桁、つまり「度」を 60 等分した「分」は「'」、「分」を 60 等分した「秒」は「''」

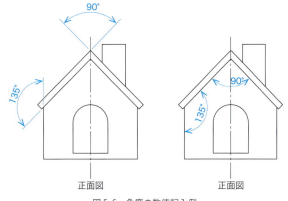

図 5-6　角度の数値記入例

で表します。10.5°と 10°30'は同じ角度です。基本的に形の外側に角度を記入するのはこれまでと同様ですが、わかりにくい、見づらいなどの事情によっては、他の寸法や形の邪魔にならないように形の中に角度数値を書くこともあります。

5-1-5. 位置を指定する寸法記入

位置の指定は、形がどこにあるか、基準になる所からどのくらい離れているかを示します。

右図の「おもちゃの家」のドアは、床下を基準としてドアの下端はそこから5mm上がった所にあります。屋根は、中心から45mm外側に出ています。

図 5-7　位置の指定寸法記入例

5-1-6. 円の寸法表示

円の寸法は直径で表します。円の大きさを配慮してわかりやすい位置で直径を記入します (a)。直径を意味する記号はφで、円形が現れていない図面で円であることを示す時に、寸法数値の前に記します (b)。補助線、寸法線、寸法数値は図形を妨げないようにします。円の中心は短い十字か黒点、もしくは十分な長さの中心線を描いておきます。円に直接記入する寸法線は、中心を通るか (c)、中心に向かう線にします (d)。(d) のように直径か半径かわかりにくい時は、円ならば寸法数値に直径の寸法補助記号φをつけます。

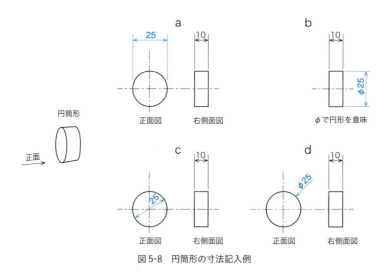

図 5-8　円筒形の寸法記入例

パソコンのCADソフトによっては、円形を選択すると自動的に寸法数値の前に「φ」がつく機能もあるため、設計現場によってはJISとは異なる部分で円形の数値に「φ」がつくことがあります。最新のJIS規定に反していますが、誤った判断にはならないので「φ」をつけても問題ないと考えられています。

5-1-7. 円弧の寸法表示

　曲線は、手描きの場合、基本的になめらかに連結する円弧で表し半径を記入します。半径を意味する寸法補助記号はRで、寸法数値の前に記します。円弧の基準となる円の中心は短い十字か黒点、もしくは十分な長さの中心線を描いておきます。半径の寸法線は中心から描き始めます。半径が非常に大きくて用紙に中心が入らない、遠すぎてわかりにくいなどの場合は、中心を通る寸法線を折り畳んで円弧に近づけます。非常に離れている場合、中心を描かないこともありますが、寸法線は円弧に垂直に、中心に向かって描きます。円弧の寸法数値の前には、半径を意味する寸法補助記号Rをつけます。

　あきらかに円弧とわかる図では、Rを付けずに寸法数値のみ記入します。

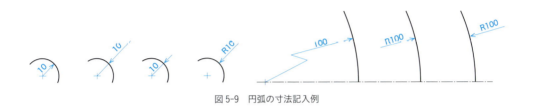

図 5-9　円弧の寸法記入例

　波や渦巻きのような連続する曲線は円弧に分解して、それぞれの半径の寸法と中心の位置（縦、横、角度寸法）を指定します。寸法線や寸法数値はいろいろな表記が可能ですが、わかりやすく、明瞭に記入します。引き出し線で半径を記入する場合は、寸法補助記号Rを寸法数値の前につけます。

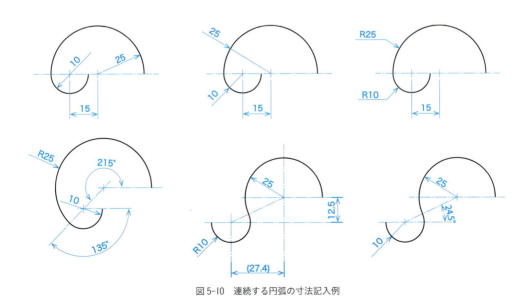

図 5-10　連続する円弧の寸法記入例

5-1-8. 円弧の長さ、正方形、厚さ、45°面取りの寸法補助記号の使い方

寸法補助記号を用いることで、寸法表記がより単純に明快になることがあります。以下にその用例をあげます。

図 5-11　円弧の長さ寸法補助記号の表記例
　　　　寸法線は形と同心円で描く。

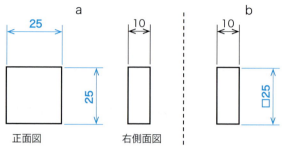

図 5-12　正方形寸法補助記号の表記例：□は正方形を意味、正面図の省略可
　　　　左の図 a が一般的な正方形の寸法記入、右図 b が□の記入例で、
　　　　　　　　　　　ab ともに同じ形を表す。

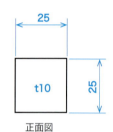

図 5-13　厚さ寸法補助記号の表記例
　　　　図の付近や図中の見やすい位置に、
　　　　板の厚さを表す寸法数値の前に
　　　　　　記号 t を付けて記入する。
　　　この図は図 5-12a、b と同じ形を表す。

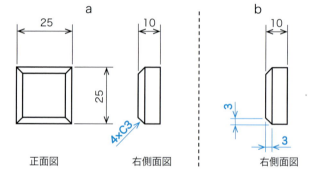

図 5-14　面取り寸法補助記号の表記例
　　C は 45°の斜めに角を削る事、4x は 4 カ所を意味する。
　　　a の右側面図は、b にあげた側面図を意味する。

5-2. 寸法記入の実際　*actual examples of notate dimensions*

実際の図面では、いくつもある寸法をわかりやすく整理して明瞭に記入します。ここでもいくつか要点があります。

⑪ 寸法は、最も良く形を表している図を正面図とし、集中して描く。
⑫ 最大寸法を形の図から一番離れた外側に描き、内側に順次小さい寸法になるように記入する。補助線と寸法補助線を無用に交差させないためである。(図 5-15、図 5-19 参照)
⑬ 対象物の大きさ、向きや位置について、必要で十分な寸法をわかりやすく記入する。
⑭ 対象物の形、機能、製作、組み立てなどを考えて、必要で十分な寸法をわかりやすく記入する。
⑮ 同一部品など関連する寸法は、なるべくまとめて記入する。
⑯ 寸法は、重複記入をさける。

⑰ 寸法は、なるべく計算をする必要がないように記入する。しかし、すべての寸法を記入すれば良いと言うわけではない。守らなければいけない寸法を優先的に記入し、残りの寸法はあえて記入しない。

⑱ 寸法は、特に注釈がない場合は、対象物の仕上がり寸法を示す。

⑲ 寸法のうち、参考寸法については、寸法数値に括弧を付ける。(図 5-19 参照)

⑳ 寸法は、機能上必要な場合、寸法の許容限界を指示する (JIS Z 8318 参照)。例えば、組み合う部品の場合、部品が大きすぎては組み合わないし、小さすぎては隙間ができるので、どのくらいまでなら許されるのかを示すのが、寸法の許容限界である。(図 5-21 参照)

㉑ 対称図形で片側のみ描く場合、寸法線は中心線を越えるまで長く描き、その先の端末記号は省略する。(図 5-21 参照)

5-2-1. 寸法記入の例

「おもちゃの車」の図面に寸法を入れてみましょう。図 5-15 で寸法記入の例を示します。

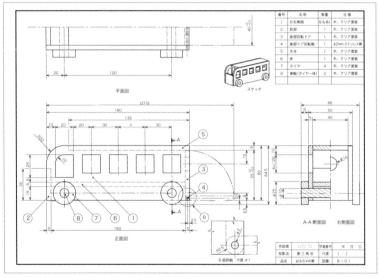

図 5-15　図面例：おもちゃの車

5-2-2. 作図

4 章にあるように、図面化するものの大きさから、用紙、縮尺を決め、輪郭線、表題欄の下描きをし、描くものの大きさと寸法線の記入を考慮して図面用紙のスペース配分をします。ここでは、「おもちゃの車」を前方から見て右側を正面図にします (寸法記入の実際 ⑪参照)。

中心線、基準線、外形の大きさなどの下描きをします。平面図は、対称形なので片側のみ描きます。スケッチを描くと形を把握するのに役立ちます。

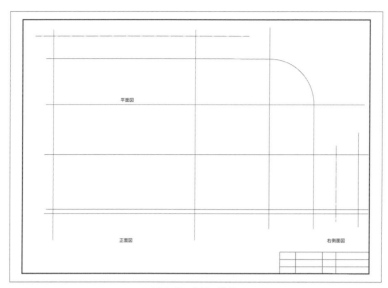

図 5-16　作図の準備

　「おもちゃの車」の形を描きます。図は、形の線は太い実線、その他の線は細い線で線の意味に従って実線や破線、一点鎖線、二点鎖線など描きわけます。右側面図は左右対称なので、左半分は断面図、右半分は右側面図で表しています。断面である事を示す部分には、部品毎に方向を変えた細い実線の斜線等（ハッチング）で、形をうめます。

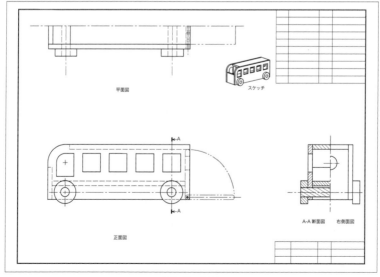

図 5-17　作図

5-2-3. 寸法記入の準備

　寸法は、大きい寸法を外側に、だんだんに細かい寸法を内側に、図の近くに描いて行きます（寸法記入の実際 ⑫参照）。

　そのためのスペースを配分して、寸法線の位置を薄い線で下書きしておくのも良いでしょう。寸法線は形から十分に離し、位置をそろえ、等間隔にすると読みやすく、見た目もきれいです。どのように寸法記入するか、手描きで下書きを作ると、必要な寸法が何行くらいになるのかわかります。

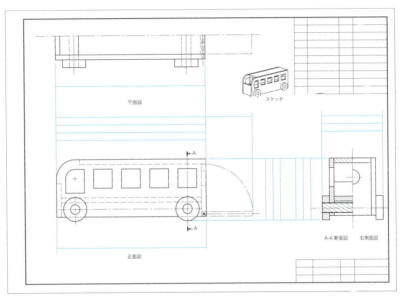

図 5-18　寸法線の下描き

5-2-4. 寸法記入の手順その１：最大外形寸法

　寸法記入の順番は決まっていませんが、大きい寸法から始めて、小さな寸法を記入して行くとわかりやすいでしょう。まず「おもちゃの車」の最大外形の寸法を一番外側に記入します（P90 寸法記入の実際 ⑫参照）。

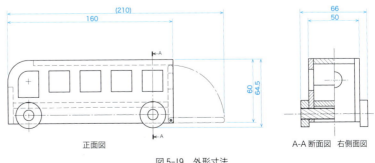

図 5-19　外形寸法

正面図と側面図で最大の縦横高さは表せます。ここでは、車体本体の最大外形に加えて、車輪を含めた最大車高、後部の回転ドアが開いた場合の最大寸法が書かれています。

「おもちゃの車」は、後部回転ドアが開く時に大きくなるので、どれだけ大きくなるかは想像線で描かれています。後ろのドアが開いた状態の最大外形寸法に（ ）がついていますが、これは参考寸法で、後部回転ドアがこのくらいまで広がるだろうと言う意味です。（P91 寸法記入の応用 ⑲参照）

5-2-5. 寸法記入の手順その 2：各部の寸法

車本体に関わる部材の寸法を記入して行きます。本体は、両側面、前面、後部回転ドア、天井、床の 6 部品でできています。窓など、細かい部分は後にします。同じ部品で関連の寸法はなるべく一塊にして近くにまとめます（P90 寸法記入の応用 ⑮参照）。

まず、両側面ですが、正面図と A-A 断面図で形が表わされています。例えば、高さの 60mm は最大外形の寸法として記入済みなので、右側図面で繰り返して記入してはいけません（P91 寸法記入の応用 ⑯参照）。

前面の R20、厚さ 5mm が新しく追加された寸法です。

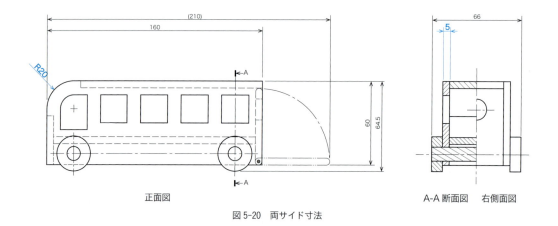

正面図　　　　　　　　　　　　　　A-A 断面図　　右側面図

図 5-20　両サイド寸法

次に、前面と後部回転ドアに関する寸法です。車の前面の寸法は正面図の左側に、後部回転ドアの寸法については正面図と A-A 断面図 右側面図、平面図にまとめて記入しています。後部回転ドアの回転軸と丸窓の寸法も記入しています。後部回転ドアの高さが $50^{+0}_{-0.5}$ という表記になっているのは、回転ドアが両側面と天井部に囲まれたところに入るため、大きくなってはいけないが、小さくなるのは 0.5mm まで許されると言う意味です（P91 寸法の実際 ⑳参照）。

第 5 章　寸法の記入法

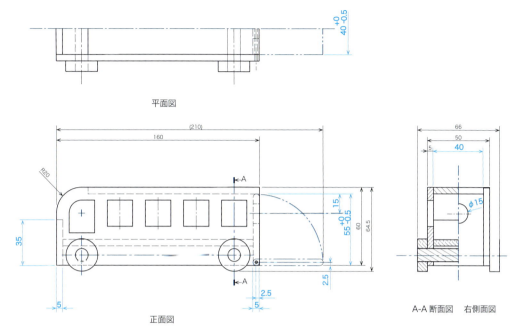

図 5-21　前面と後部回転ドア寸法

　さらに、天井と床の位置と大きさの寸法を記入します。天井の部材の長さと厚さ寸法は正面図の右側上方に、床の部材の長さと厚さ寸法は正面図の左側下方にまとめています。どちらの部材の幅も A-A 断面図・右側面図に表されていますが、前面の部材の幅と同じく 40mm と繰り返しになるので新たには記入しません。A-A 断面図の下にある青字の 40 は床部品の寸法で、この寸法数値と寸法線、寸法補助線は、対称図形で片側のみを描いた場合に全体寸法を表す場合の表記です（P91 ㉑参照）。ここでは、すでに 40 と寸法数値が上部に表わされているので不要です。

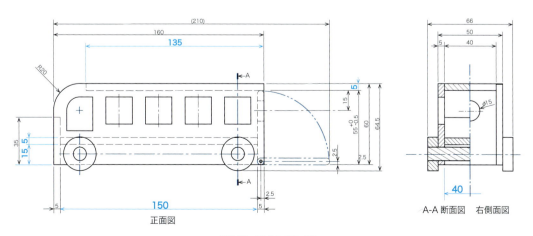

図 5-22　天井と床の寸法

95

細かい部分として、車輪、窓関係の位置と寸法をさらに内側に記入します。

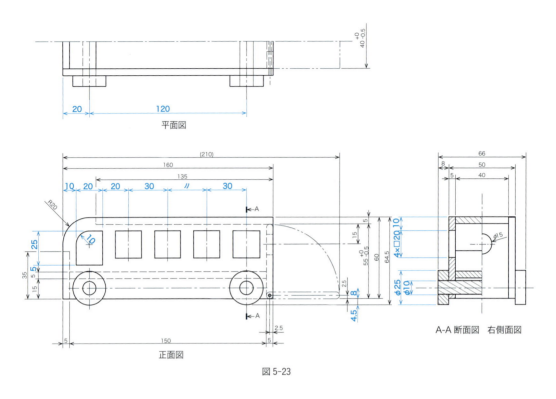

図 5-23

　細かい寸法は内側に順次記入しますが、寸法記入の際、寸法補助線、寸法線が交差しないように注意します。どうしても交差する時は、誤解されないように、複雑にならないように整理します。どうしても交差する場合は寸法線を優先にして、寸法補助線は一部を切り取って記入するなどの方法もあります。
　ここでは窓は繰り返しの配列なので、省略する書き方をしています。4 ×□20 は縦横 20mm の四角い窓が 4 カ所あるという意味です。
　わずらわしくなく、わかりやすいならば、繰り返しの部分を省略せずにそのまま記入する方法もあります。

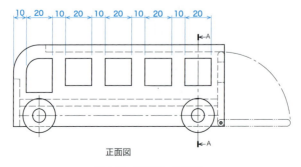

図 5-24　繰り返し寸法記入

5-2-6. 詳細図

　小さい部分によっては、寸法を記入できない場合があります。その時には、必要に応じて部分を拡大して描きます。ここでは、後ろドアの回転軸部分が細かくて寸法が記入しづらいので、その部分を指定して記号を付け、別途拡大図を描いて寸法を記入します。

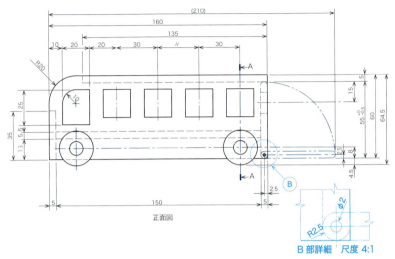

図 5-25　詳細図

5-2-7. 部品番号

　各部品から引き出し線で番号や記号と結びます。同じ部品が複数ある場合は、代表を一つ選びます。番号毎に部品欄に部品名と仕様、数などを記入します。

　図面のあちこちを見なくても良いように、部品番号はなるべく集中して記入します。ここでは、正面図で示しています。

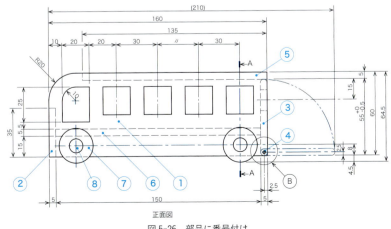

図 5-26　部品に番号付け

用紙に枠の輪郭線、表題欄、あれば部品欄を記入し、図面として仕上げます。スケッチも入れると良いでしょう。

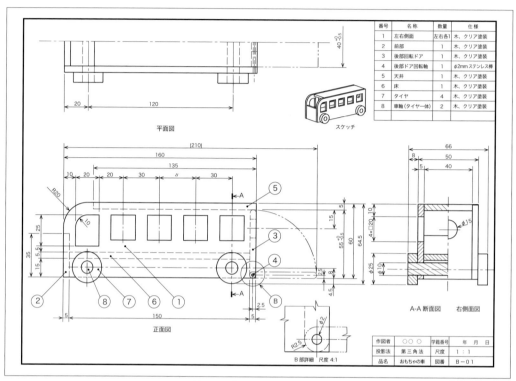

図 5-27 「おもちゃの車」の図面

　図面の描き方は一様ではありません。JIS 規格を理解しつつ、図面を読む人に誤解を与えない、明瞭な、わかりやすい図面を描く事が最も重要です。

第6章
透視図法

perspective drawings

図 6-1　奥村正信の「新吉原二階座敷土手ヲ見通大浮絵 (1745)」
前景が宙に浮いたように見えることからきている。西洋の一点透視図法を導入した浮世絵。

私たちが日常生活で風景や物体を眺めるとき、目にはどのように映るのでしょうか。私たちの目に映る風景や物体は次のような性質をもっています。

1. 遠くにあるものほど小さく見える。
2. 奥行の線などは、どこか一点に集中するように見える。

この自然な見え方の性質になるべく忠実であるように描き表そうと考え出された図法が透視図法です。この透視図法は元来、絵画のための表現技法として開発されてきたものであり、見る人に現実感や臨場感を与えます。その一方、実際のものの形や長さを表すには不便な図法です。

6-1. 透視図法の原理
principle of perspective drawings

右図のように、人が離れた場所から物体を眺めているとします。物体（対象物）と人の間にガラス面を立てます。目と物体をつなぐ線がガラス面に交わる点をつないでいくと、ガラス面上に図形が描かれます。この描かれた図形が透視図です。透視図法ではこのガラス面を画面とよびます。透視図はパースともよばれます。

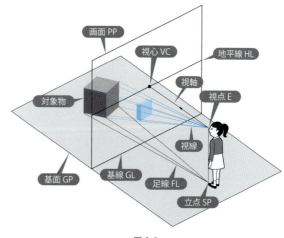

図 6-2

6-2. 透視図法の種類　*types of perspective drawings*

透視図法の種類は、描かれる対象物と画面の位置関係によって分類されます。

一点透視図法（平行透視図法）

対象物のひとつの面が画面に平行に置かれた状態を描く図法です。対象物の外形線や稜線のうち、画面に平行な部分は平行に描かれます。物体や建築の内部を見る図などに用いられています。

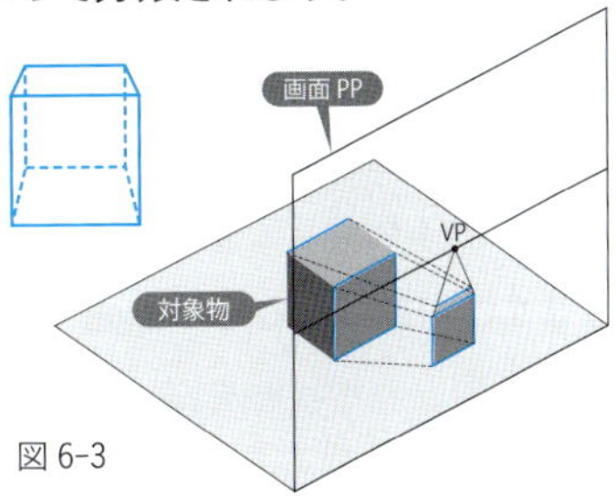

二点透視図法（有角透視図法）

対象物が画面に対して斜めに置かれた状態を描く図法です。対象物の外形線や稜線のうち、垂直の部分は画面に垂直に描かれます。目線の高さで製品を描く図や物体を外から見る図などに用いられています。

三点透視図法（有角透視図法）

対象物が画面に対して斜めに置かれ、画面が基面に対して傾いた状態を描く図法です。対象物のどの外形線や稜線も画面に平行ではありません。高さのある物体や建物を見上げたり、見下ろす図などに用いられています。

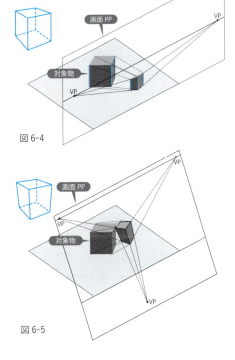

図 6-3

図 6-4

図 6-5

透視図の主な基本用語と略記号

用語	略記号	内容
画面	PP Picture Plane	投影面
基面	GP Ground Plane	地面 見る人が立っている平面
基線	GL Ground Line	地面線 画面と基面の交線
画面線	PL Picture Line	画面を真上から見た直線
立点	SP Standing Point	見る人が立っている基面上の位置
視点	E Eye Point	目の位置

用語	略記号	内容
視線	VL Visual Line	目と対象物の各点を結ぶ直線
視軸	VA Visual Axis	画面に対して垂直な視線
視心	VC Visual Center	視軸と画面の交点 目の正面
地平線	HL Horizontal Line	目の高さの水平線 視高線
消失点	VP Vanishing Point	平行な線が集中する一点
足線	FL Foot Line	視線を基面に落とした線

6-3. 一点透視図法と二点透視図法　*one-point perspective two-point perspective*

本書では、一点透視図法と二点透視図法について詳しく解説します。

一点透視図法

描こうとする物体をここでは「対象物」とよびます。対象物のひとつの面が画面に平行に置かれた状態を描く図法です。正面図に奥行がついたように表示され、奥行き方向の線は一つの消失点に絞られます。一点透視図法では、視心が消失点になります。

同じ対象物でも以下の条件を変えると異なる図形が描かれます。

　　イ．対象物と画面の距離
　　ロ．見る人と画面の距離
　　ハ．目の高さ

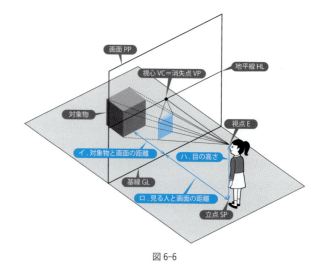

図 6-6

二点透視図法

対象物が画面に対して斜めに置かれた状態を描く図法です。奥行き方向の線は、地平線上の左右二つの消失点に絞られて描きます。

同じ対象物でも以下の条件を変えると異なる図形が描かれます。

　　イ．対象物と画面の距離
　　ロ．見る人と画面の距離
　　ハ．目の高さ
　　ニ．対象物の画面に対する平面
　　　　上の角度

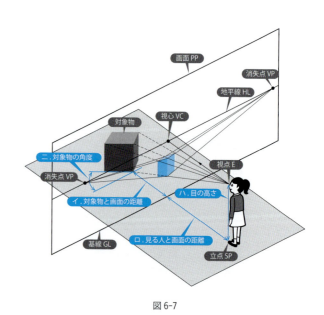

図 6-7

第 6 章　透視図法

1. 「イ．対象物と画面の距離」や「ロ．見る人と画面の距離」が変わると描かれる図の大きさが変わります。

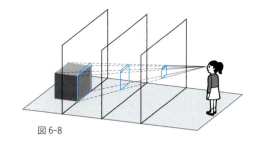

図 6-8

2. 「ハ．目の高さ」によって対象物の天面の見え方が変わります。

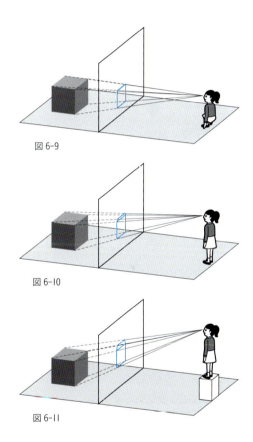

図 6-9

図 6-10

図 6-11

3. 対象物の位置が変わると描かれる図形も変わります。

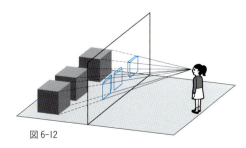

図 6-12

6-4. 一点透視図の作図　*drawing a one-point perspective*

「正面図」に奥行をつけた図で、奥行方向の線が地平線上の一点（消失点）に絞られていきます。

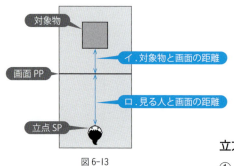

図 6-13

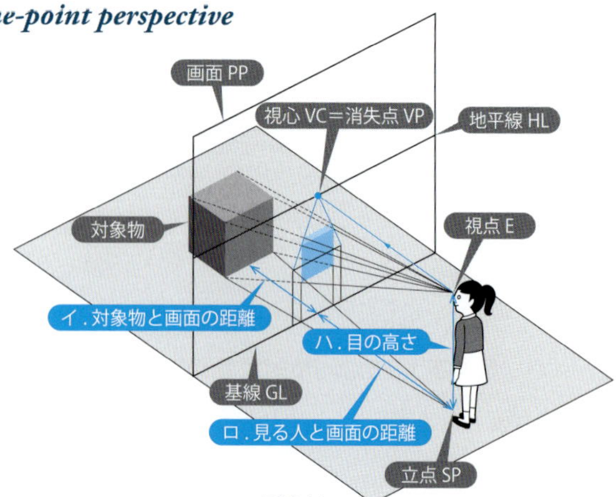

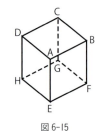

図 6-14

立方体の一点透視図の作図手順

① 立方体の各頂点を A〜H とする。
　立方体の「平面図」を描く。

② 上から見た画面 PP を表す水平線を「平面図」の下に描く。

③ 立点 SP を決める。
　画面 PP と立点 SP の垂直距離は、見ている人と画面との距離になる。

④ 画面 PP より下を「投影図」を描く場所として、PP の下の任意の位置に基線 GL を描く（画面 PP が置かれている床位置）。立点 SP より上に基線 GL がくるように SP と GL の位置を決めると描きやすい。

⑤ 基線 GL から「目の高さ分」上方の位置に地平線 HL を描く。HL が画面 PP より下にくるように描くと描きやすい。

⑥ SP から地平線 HL に向かって垂直の線を引き、交点の視心 VC を求める。
　この点が一点透視図の「消失点 VP」になる。

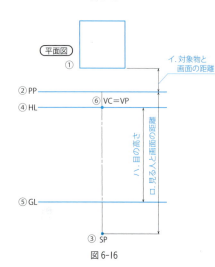

図 6-15

図 6-16

第6章 透視図法

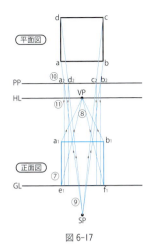

図 6-17

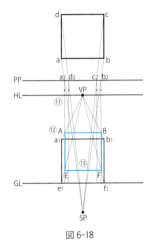

図 6-18

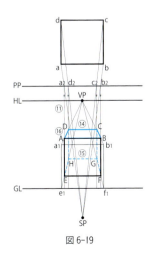

図 6-19

⑦ 基線 GL 上に、立方体の「正面図」を「平面図」の真下の位置に正しく描く。(正方形 $a_1 b_1 f_1 e_1$)

⑧ 「正面図」の各点 (a_1、b_1、f_1、e_1) から消失点 VP (視心 VC) に向かう線を描く。

⑨ 立点 SP と「平面図」の最大外形の各点 (a、b、c、d) を結ぶ。

⑩ ⑨で描いた線と画面線 PP の交点を a_2、b_2、c_2、d_2 とする。

⑪ 交点 a_2、b_2、c_2、d_2 から垂線を引く。

⑫ ⑪で引いた a_2 の垂線と a_1-VP の交点を A とする。
 ⑪で引いた b_2 の垂線と b_1-VP の交点を B とする。
 A-B は立方体の上面の手前の線になる。

⑬ ⑪で引いた d_2 の垂線と e_1-VP の交点を E とする。
 ⑪で引いた b_2 の垂線と f_1-VP の交点を F とする。
 EF は立方体の下面の手前の線になる。
 交点 A、B、E、F を結べば、立方体の手前の面が描ける。

⑭ 同様に⑪で引いた d_2 の垂線と a_1-VP の交点を D、c_2 の垂線と b_1-VP の交点を C とする。

⑮ d_2 の垂線と e_1-VP の交点を H、c_2 の垂線と f_1-VP の交点を G とする。
 交点 D、C、G、H を結べば、立方体の奥の面が描ける。

⑯ 手前の面と奥の面を結ぶ線を描けば、立方体の一点透視図になる。
 外形線を 0.5mm の実線、隠れ線を 0.3mm の破線で仕上げる。

6-5. 二点透視図の作図 *drawing two-point perspective*

奥行方向の線が地平線上の二点（左右二つの消失点）に絞られていきます。

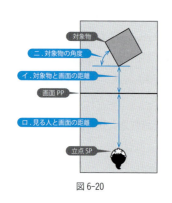

図 6-20

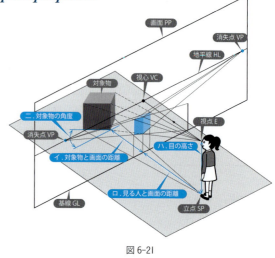

図 6-21

6-5-1. 立方体の二点透視図の作図手順（立方体の一辺が画面 PP に接している場合）

① 立方体の各頂点を A 〜 H とする。
　立方体の「平面図」を画面 PP に対して角度をつけて斜めに配置して描く。

② 上から見た画面 PP を表す水平線を「平面図」に描く
　（この場合は、対象物の一辺に接している位置に PP を描く）。

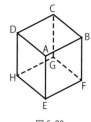

図 6-22

③ 「平面図」に立点 SP を決める。
　画面 PP と SP の垂直距離は、見る人と画面との距離になる。
（この場合は、対象物が画面に接している位置の真正面に SP がある。）

④ PP より下を「投影図」を描く場所として、PP の下の任意の位置に地平線 HL を水平に引く。

⑤ HL から「目の高さ分」下方の位置に基線 GL を描く
　（画面 PP が置かれている床位置）。

⑥ GL 上に「側面図」又は「正面図」を描く。

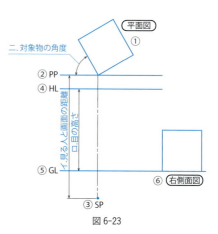

図 6-23

⑦ SP から「平面図」の辺 ad に平行な線を引く。同様に辺 ab に平行な線も引く。
それぞれの線と PP との交点を求める。

⑧ ⑦の交点から垂線を引き、HL との交点を VP1、VP2 とする。
この 2 点がこれから描く二点透視図の消失点 VP になる。

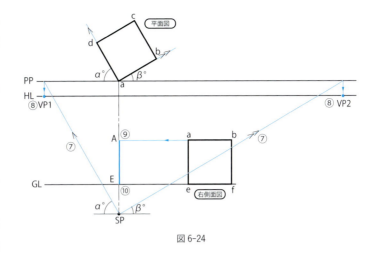

図 6-24

⑨「右側面図」の外形線から水平線を引き、「平面図」の点 a からの垂線との交点を A とする。

⑩「平面図」の点 a からの垂線と GL の交点を E とする。
立方体の透視図の画面 PP に接している辺が AE になる。
立方体の高さである辺 AE は画面 PP に接しているので、透視図で実長が得られる。

⑪ 交点 A と E から消失点 VP1 を結ぶ線を引く。
同様に交点 A と E から消失点 VP2 を結ぶ線を引く。

⑫ 立点 SP と「平面図」の奥行の点 b、d を結ぶ。
PP との交点を b_2、d_2 とする。

⑬ b_2 から垂線を引き、⑪で引いた線との交点を B、F とする。
d_2 から垂線を引き、⑪で引いた線との交点を D、H とする。

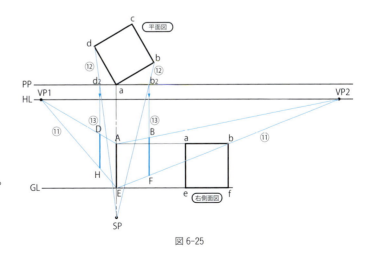

図 6-25

⑭ 交点 B と F から消失点 VP1 に線を引く。同様に交点 D と H から消失点 VP2 に線を引く。

⑮ ⑭で引いた線の交点を C、G とする（交点 C と G は、c と SP を結んだ線と PP の交点から垂線を下ろして求めることもできる）。

⑯ 交点 ABCD-EFGH を結んで、立方体の透視図ができあがる。

外形線を 0.5mm の実線で、隠れ線を 0.3mm の破線で仕上げる。

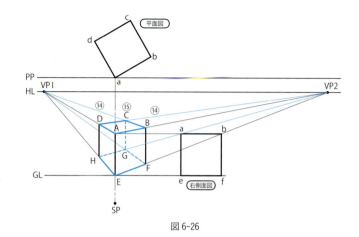

図 6-26

6-5-2. 直方体の二点透視図の作図手順
（直方体の一辺が画面 PP に接しておらず、立点 SP が任意の位置の場合）

直方体の各頂点を A ～ H とします。消失点をつくるところまでは P106 の「立方体の二点透視図の作図手順」①～⑧と同じです。

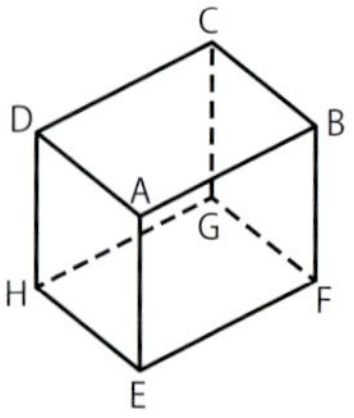

⑨「平面図」の辺 ab を延長し PP との交点を j とする。
　j で PP 面に接する直方体を仮想する。

図 6-27

⑩「正面図」の外形線から水平線を引き、交点 j からの垂線との交点を j_1 とする。

⑪ 交点 j からの垂線と GL の交点を k_1 とする。
　仮想の直方体の辺 j_1-k_1 は、画面 PP に接しているので、透視図で実長になる。

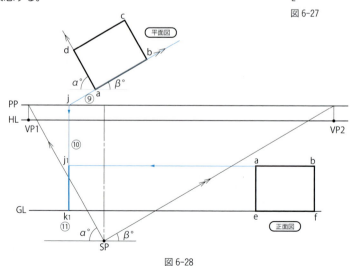

図 6-28

⑫ 交点 j_1 と k_1 から消失点 VP2 を結ぶ線を引く。

⑬ 立点 SP と「平面図」の点 a、b を結ぶ。
PP との交点を a_2、b_2 とする。

⑭ 交点 a_2 と b_2 から垂線を引き、⑫で引いた線との交点を A、B、E、F とする。

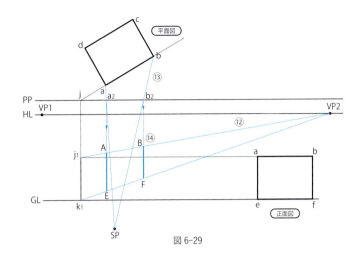

図 6-29

⑮ 交点 A、B、E、F と消失点 VP1 を結ぶ線を引く。

⑯ 立点 SP と「平面図」の点 c、d を結ぶ。
PP との交点を c_2、d_2 とする。

⑰ 交点 c_2 と d_2 から垂線を引き、⑮で引いた線との交点を C、D、G、H とする。

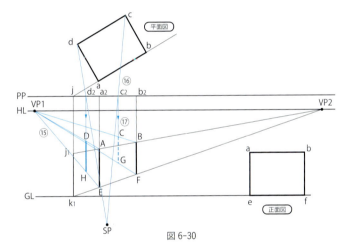

図 6-30

⑱ 交点 ABCD-EFGH を結び、直方体の透視図ができる。
外形線を 0.5mm の実線で、隠れ線を 0.3mm の破線で仕上げる。

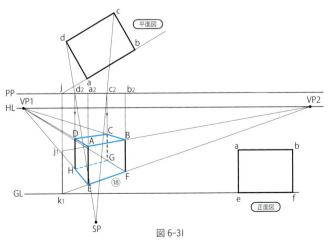

図 6-31

6-6. 増殖と分割　*multiply / divide*

透視図法では立方体を基準として、物体の形をつくり出していきます。基準の立方体の寸法を増したり、割ったりする方法を学ぶことで、平面図から導き出す線を減らし、透視図のなかで必要な線を描くことができます。

ここではまず、基本となる立方体 ABCDEFGH を描いたところからはじめます。

1) 同じ大きさの立方体を垂直方向に追加する

Point▶ 二点透視図では、垂直方向の長さは伸び縮みしません。立方体を垂直方向に増殖するには、垂直方向の各辺を同じ長さ伸ばします（AE = Aa$_1$）。

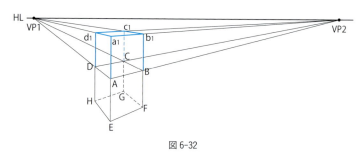

図 6-32

① AE と同じ長さ分、辺 AE を垂直に伸ばし、上端を a$_1$ とする。
② a$_1$ から VP1 と VP2 に線を引く。
③ 辺 BF と辺 DH を②の線まで伸ばし、交点を b$_1$、d$_1$ とする。
④ 交点 b$_1$ から VP1 に線を引く。交点 d$_1$ から VP2 に線を引く。
⑤ ④で引いた 2 つの直線の交点を c$_1$ とし、a$_1$b$_1$c$_1$d$_1$-ABCD を結ぶ。

2) 同じ大きさの立方体を水平方向に追加する

① 伸ばす面に対角線 AF と BE を引く。
② 対角線の交点と伸ばす面の奥行方法の消失点 VP2 を結び、辺 BF との交点を N とする。
③ AN を延長し、EF の延長線との交点を O とする。

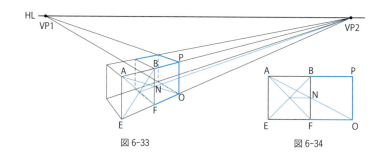

図 6-33　　図 6-34

④ 交点 O から垂直線を引き、AB の延長線との交点を P とする。
⑤ 交点 B、F、O、P をつなげば同じ大きさの面が追加される。この面をもとに立方体を描く。

＊図 6-34 は、E-F と F-O の長さが等しいことを表す。

3）奥行の長さ 1/2 の直方体を追加する

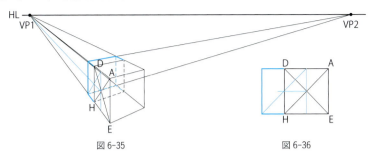

図 6-35　　　　　図 6-36

4）すべての辺の長さを 1/2 にする

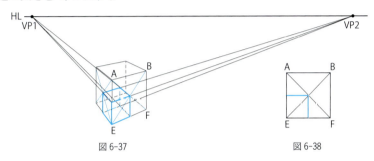

図 6-37　　　　　図 6-38

5）面の長さを 3 分割する

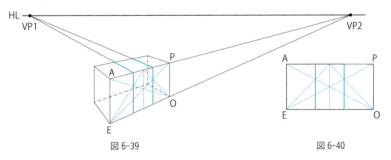

図 6-39　　　　　図 6-40

6）測線による増殖と分割

水平面上の線分を任意の比で分割したい場合に便利な方法です。

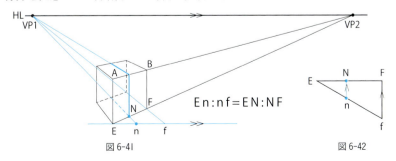

En：nf＝EN：NF

図 6-41　　　　　図 6-42

6-7. 円の透視図　*perspectives of circle drawing*

　多くの製品の形には円柱の形状が含まれています。円柱の透視図は、両端の円の透視図を直線でつないで描きます。円の透視図は正方形の透視図に内接する楕円で描きます。

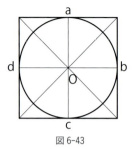

図 6-43

6-7-1．円の透視図の作図手順
① 正方形の透視図を描く。
② 対角線を引いて中心 O を求める。
③ O を通る、奥行き方向と水平方向の中心線を引く。
④ 中心線と四辺との交点をそれぞれ a、b、c、d とする。
⑤ a、b、c、d を通る楕円を楕円定規やフリーハンドで描く。

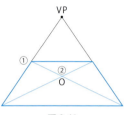

図 6-44

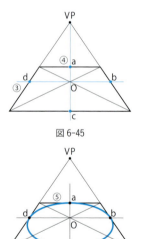

図 6-45

図 6-46

Point ▶ 透視図法では、正方形の透視図の中心と楕円の中心は一致しません。同じく、正方形の透視図の水平方向の中心線と楕円の長軸も一致しません。

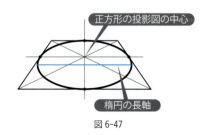

図 6-47

6-7-2. 円柱の透視図の作図手順

① 直方体の透視図を描く。

② 天面と底面に内接する楕円を描く。

③ それぞれの楕円の長軸の両端を結ぶ。

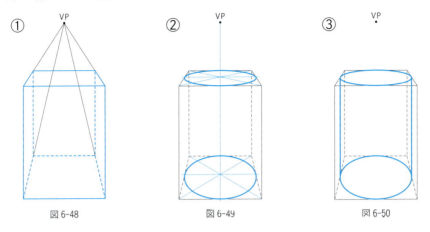

図 6-48　　図 6-49　　図 6-50

6-7-3. 円柱と球の透視図例

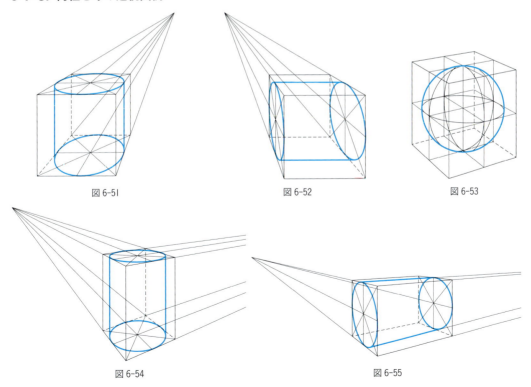

図 6-51　　図 6-52　　図 6-53

図 6-54　　図 6-55

6-8. 回転体の一点透視図　*one-point perspective of rotated object*

回転によって得られる形状は円の透視図である楕円を組み合わせて描くことができます。

コップの作図手順の例

① GL上に「正面図」を描く。
　PPに接してコップの「平面図」を描く。

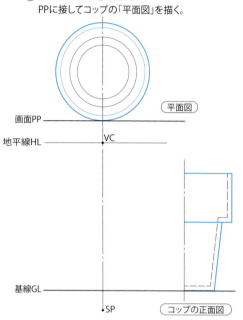

② コップの幅、奥行き、高さと同じ寸法の直方体の「平面図」と「正面図」を描く。

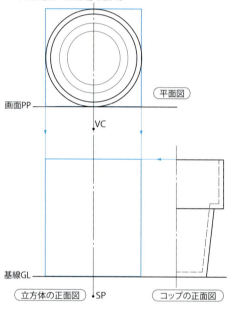

⑤ コップが直方体に接する位置に楕円を描く。

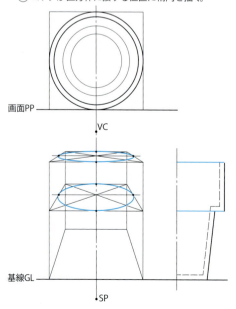

⑥ 描きたい円の直径を取り、楕円を描く。

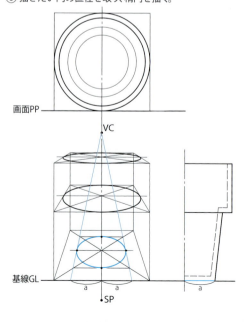

③ ②で描いたコップに外接する直方体の透視図を描く。

④ コップの「正面図」から描きたい円の高さを求め、直方体に水平面を描く。

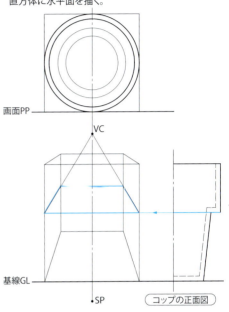

⑦ 同一平面上に大きさの異なる楕円を描く。

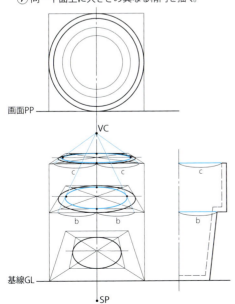

⑧ 楕円をつないで、コップの外形を描く。

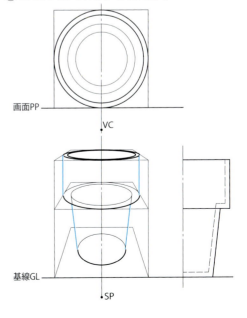

6-9. 室内透視図　*interior perspectives*

平面図や高さ寸法の分かる断面図を用いて、室内の透視図を描くことができます。

6-9-1. 一点透視図

部屋や家具の正面図を描き、平面図から奥行きを導いて描きます。

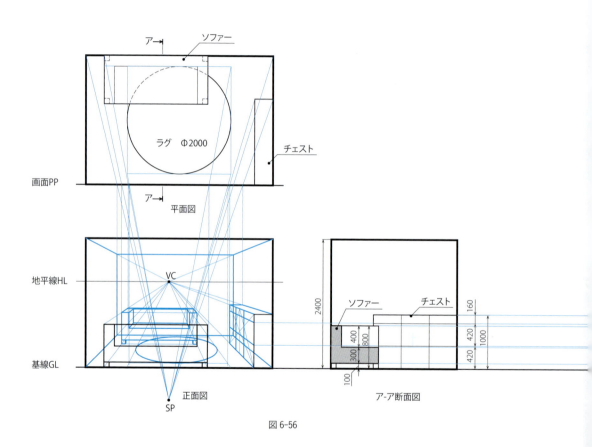

図 6-56

図 6-57

6-9-2. 二点透視図

画面に接する部分（部屋の角）は図面通りの長さで表されます。これをガイドに各部の高さを導きます。

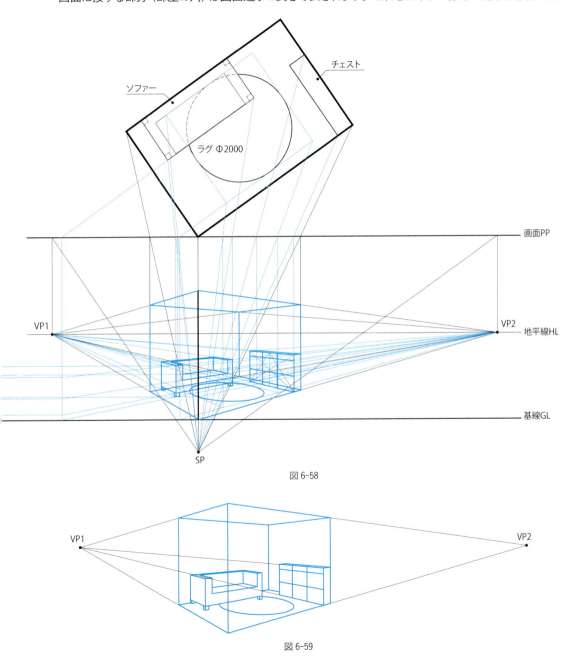

図 6-58

図 6-59

6-9-3. 平面図が与えられた場合の一点透視図の作図手順の例（ソファ）

① 平面図の真下のGL上に「正面図」を描く。

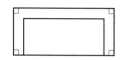

② ソファの外形の頂点から補助線を引く。

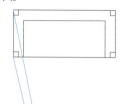
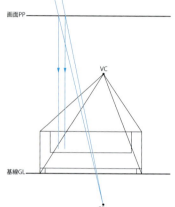

③ ソファの外形になる直方体の透視図を描く。

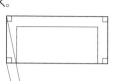
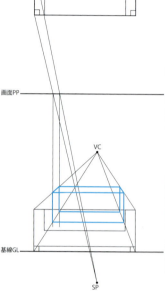

⑥ 肘掛の厚みになる線を引く。

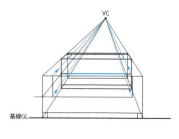

⑦ 座面と肘掛の形を描く。

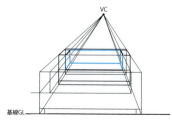

⑧ 脚の幅になる線を引く。

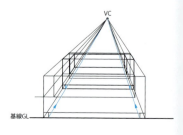

第 6 章　透視図法

④ ソファの背の厚みになる線を引く。

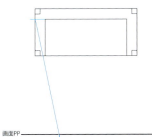

⑤ ソファの座面と脚の高さになる線を引く。

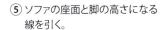

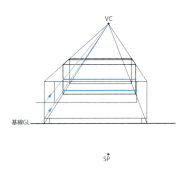

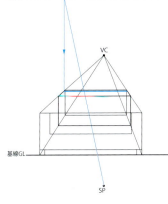

⑨ 脚の奥行の線を引く。

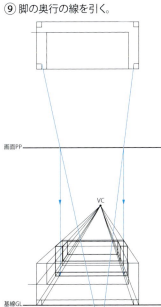

⑩ 外形線を太い線で仕上げ、完成させる。

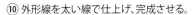

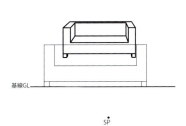

6-10. 二点透視図の作図例 *examples of two-point perspective*
第4章 図 4-1 図面「おもちゃの家」をもとに描く二点透視図（注：尺度は異なる）

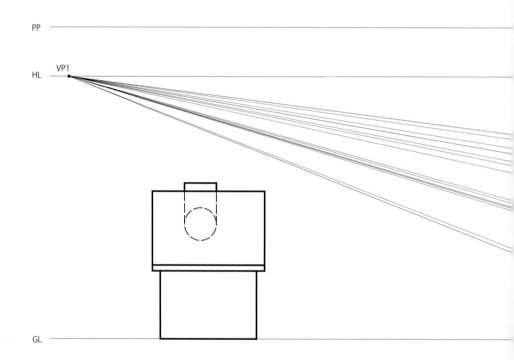

第 6 章 透視図法

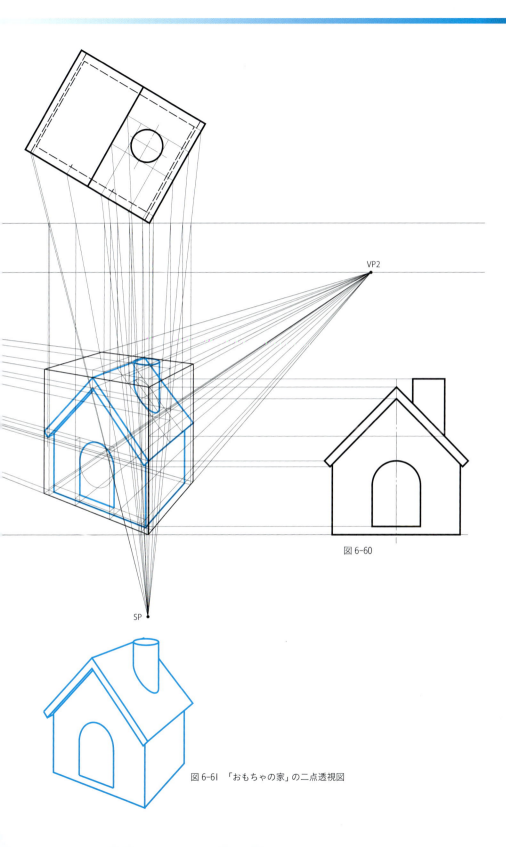

図 6-60

図 6-61 「おもちゃの家」の二点透視図

121

第7章
レンダリング
rendering

レンダリングは主に完成予想図として、様々な場面で第三者への提案説明用に使われます。手描きの場合、透視図をアルコール系のマーカーやパステル、絵具、色鉛筆などを組合わせて専用の用紙に描く方法や、明度の低い色紙に光の反射光に注目して描くハイライトレンダリング、三面図をベースに立体的に陰影をつけて描くディメンションスケッチなどがよく利用されます。

最近では紙ではなく、ドロー系アプリケーションやタブレットをつかって直接パソコン上に描いたり、パソコンでつくった3次元データを利用し、専用アプリケーションでCGによるレンダリングを制作するようになりました。CGによる表現では素材の質感や、物が置かれる環境（背景）、カメラのレンズ効果や光の当て方などから、リアルな表現ができます。高精度なCGによるレンダリングは写真の代わりに宣伝広告やカタログにも使われ、開発時間の削減や省コスト化も可能にしています。

7-1. レンダリング例　*meaning of rendering*

水の入ったグラス（フリーハンド背景付レンダリング）

携帯電話（透視図レンダリング）

ゲームコントローラー（三面図レンダリング／ディメンションスケッチ）

第7章 レンダリング

コンパクトカメラ（透視図レンダリング）

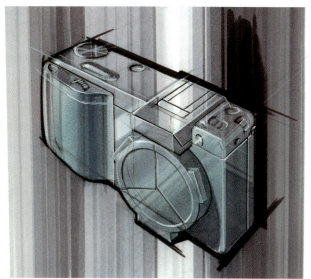
コンパクトカメラ（ハイライトレンダリング）

チョコレート（ディメンションスケッチ）

カセットコンロ（フリーハンド透視図レンダリング）

カセットコンロ（CGレンダリング）

7-2. レンダリングで使用する用具　*rendering tools*

　デザインでは、レンダリングを含め自分のアイデアを図像にする「概念の可視化」が重要になります。解りやすく魅力的なレンダリングは、デザイン活動におけるコミュニケーションの方法として欠かせないものとなっています。

　同じレンダリングでも、業界や企業文化ごとで作法も異なり、それぞれの過程においてレンダリングに要求される情報の量と質は様々です。明確な統一規格はなく、画材や画法も多様です。

　使用される画材は、水彩絵の具やカラーインクなどから、パステルや色鉛筆、速乾性マーカーなど効率の良いものへと進化しており、近年では手描きとパソコンのアプリケーション併用による多彩な表現が可能です。短時間で効率よく魅力的なレンダリングが描けるように様々な描画方法が試されています。

　この章では、一般的なプロダクトデザイン作業の中で使われている、手描きレンダリングの画材や描画方法について解説します。

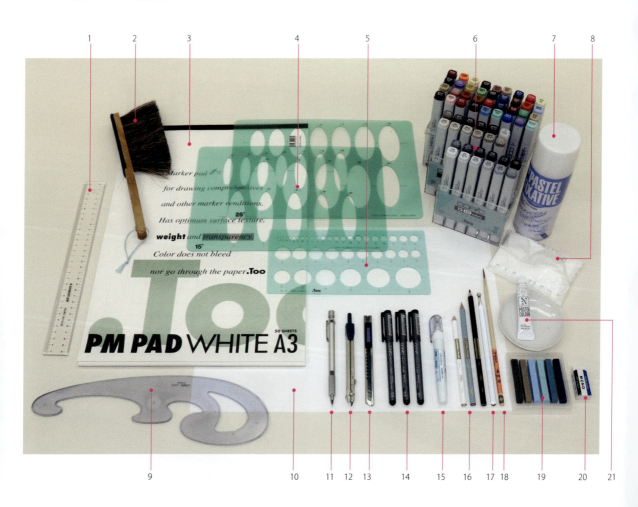

第 7 章　レンダリング

1：直定規
直線を描く際に使用。溝引きにも使用。

2：製図用ブラシ
消しゴム屑などを払う際に使用。

3：PM パッド
パステル、マーカーに使用する用紙。

4：楕円定規
楕円を描く際に使用。
投影角度が 5°刻みの楕円が納められたテンプレート。

5：円定規
円を描く際に使用。
各種直径の異なる円が 1 枚のテンプレートに納められている。

6：コピックマーカー
速乾性アルコールマーカー。主に面の着彩に使用。

7：フィキサチーフ
パステルの定着に使用。

8：ティッシュペーパー
パステルでの着彩時に使用。

9：カーブ定規
自由曲線を描く際に使用。

10：コピー用紙
アイデアスケッチや、線画を描く際に使用。また、マーカーを塗る際の下敷きなどに使用。

11：シャープペンシル
下絵、線画作図などに使用。

12：コンパス
線画作図などに使用。

13：カッターナイフ
色鉛筆やパステルを削る際に使用。

14：ラインマーカー（0.1mm、0.3mm、0.5mm、）
極細のライン描画の際に使用。

15：修正ペン
ハイライトの描画等に使用。

16：色鉛筆
ディテールの書き込み、ハイライトラインの描画に使用。

17：ガラス棒
面相筆により直線を引くための、溝引きの際に使用。

18：面相筆
細いハイライトの描画など、ポスターカラー（白）とともに使用。

19：パステル
主に階調の滑らかな面（グラデーション等）の着彩に使用。

20：消しゴム
パステルで着色した色を消す際に使用。

21：ポスターカラー（白）、絵皿
絵皿に最適濃度に水で溶いて、ハイライトの描画などに使用。

7-3. 基本となる描画方法　*basics of rendering technics*

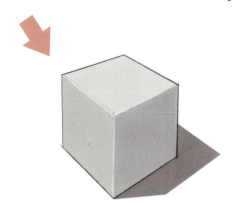

明度差の調整（バリュー）

　モノの各面に明度差をつけることで、立体感を表現します。この明度差の調整には、約束事として、斜め上方やや手前に仮想光源を設定して描かれることが多いです。

投影した影（キャストシャドウ）

　光がモノに当たって投影される影を描くことで、「地面に置かれているのか？」「空中に浮いているのか？」など、モノの置かれている状態を表現することができます。マーカーで塗った黒やグレーの面で表現されることが多いです。

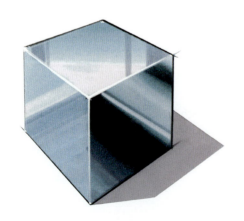

強い受光箇所（ハイライト）

　モノに光が当たると、相対的に光を受けた面は明るく、光を受けない面は暗くなります。特に強い光を受けた部分は光輝く面や線、点となってモノの形を際立たせます。そのうち線はハイライトライン、点はハイライトスポットと呼び、白い色鉛筆や絵具、また塗り残した紙の白で表現します。

第 7 章　レンダリング

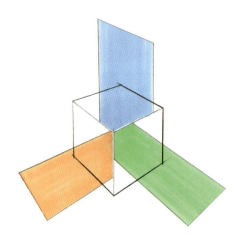

面の映り込み（リフレクション）

　モノの表面に映り込む周りの環境を各面にマーカーを使って描くことで、モノの光沢を表現します。素材表面の光沢が弱いモノは映り込みを弱く表現し、素材表面の光沢が強いモノは映り込みを強く表現します（P125 カセットコンロ参照）。

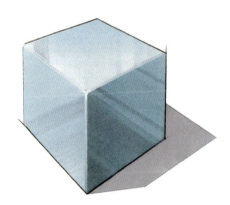

立方体の描画方法

① 立方体の各面に素材表面の光沢を意識した映り込みをマーカーで描く。
② 立方体の各面に光源を意識し、明度の差をつけてパステルで着彩し、表現する。
③ パステルのはみ出しや、塗り過ぎた部分は消しゴムで消す。
④ 白色鉛筆でハイライトラインを、黒色鉛筆で影になる線を描く。
⑤ 光源を意識しハイライトラインやハイライトスポットを白色ポスターカラーで描く。

円柱の描画方法

① 円柱の上面、側面に素材表面の光沢を意識した映り込みをマーカーで描く。
② 円柱の上面、側面に光源を意識し、明度の差をパステルでぼかしながら着彩し、表現する。
③ パステルのはみ出しや、塗り過ぎた部分は消しゴムで消す。
④ 白色鉛筆でハイライトラインを、黒色鉛筆で影になる線を描く。
⑤ 光源を意識しハイライトラインやハイライトスポットを白色ポスターカラーで描く。

球の描画方法

① 球に素材表面の光沢を意識した映り込みをマーカーで描く。
② 球に光源を意識し、明度の差をパステルでぼかしながら着彩し、表現する。
③ パステルのはみ出しや、塗り過ぎた部分は消しゴムで消す。
④ 白色鉛筆でハイライトラインを、黒色鉛筆で影になる線を描く。
⑤ 光源を意識しハイライトラインやハイライトスポットを白色ポスターカラーで描く。

7-4. 素材の表現例　*styles of express materials*

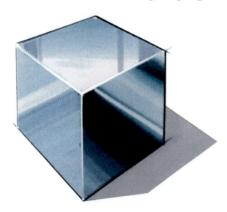

光沢の強い素材の表現（金属など）

　各面の映り込みをはっきりとした明度差で描き込むことで金属らしい光沢感の表現となります。

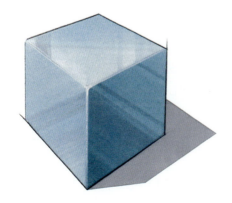

光沢の弱い素材の表現（プラスチックなど）

　各面の映り込みを強調しないことで、光沢感の弱い表現となります。

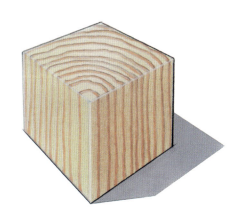

木材の描画

　光源を意識して各面の明度差を付け、木目をマーカーや色鉛筆を組合わせて描くことで木材の表現とします。

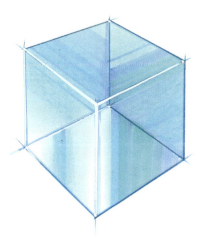

透明素材の表現（ガラスなど）

　奥側にある底面と立面 2 面の映り込みを塗った後に、手前側のハイライトラインを描くことで透明素材の表現とします。

7-5. 描画方法の手順　*steps to complete rendering*

1）**透視図の作成（パース）**
① 白いコピー用紙等にシャープペンシルを使用して想定したモノの透視図を写し描き、線画を完成させる。（第6章で作成した透視図を使用）
② フリーハンドの場合は、基本となる立方体や円柱、球などを描き、それをベースに線画を進めて行く。

2）**マーカーによる映り込み表現**
① 1）でコピー用紙に描いた透視図の線画を、PMパッドにコピーする。
② 仮想光源を設定して、マーカーを使って影や映り込みを描く。（今回は向かって左斜め上方に設定）
仕上がりを考え、マーカーの色は適宜選定する。
③ 一般的に素材表面の光沢が弱いものは映り込みが弱い。逆に素材表面の光沢が強いものは映り込みの強い表現となる。

3）**パステルによる各面の描画**
① 想定した色のパステルをカッターや紙ヤスリなどで削り粉状にし、ティッシュに付着させて塗る。
② この時マスキングをすることにより、はみ出さないで塗ることができる。
③ PMパッドに直接パステルで塗り、指でこすると塗り込みが強くなる。

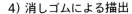

4）消しゴムによる描出
① パステルのはみ出した部分や塗り過ぎた部分は、消しゴムを使いパステルを消すことができる。
② 部分によっては、消しゴムを使うことで紙の白を描出し、ハイライトラインとする。

5）地面に落ちる影の描画と、色鉛筆による輪郭線やハイライトラインの描画（仕上げ）
① 設定した光源を意識して、地面に落ちる影をマーカーで塗る。
② 設定した光源を意識して、光を強く受けるエッジに白い色鉛筆でハイライトラインを描く。
③ 設定した光源を意識して、影になるエッジや目地には黒か同系色の明度の低い色鉛筆で影の線を描く。

6）ポスターカラー（ホワイト）によるハイライトライン、ハイライトスポットの描画（完成）
① 設定した光源を意識して、一番光を強く受けるエッジに白い絵具でハイライトラインやハイライトスポットを描く。
② ハイライトラインの溝引き作業は、溝引き定規とガラス棒、面相筆を使い丁寧に描く。
③ ハイライトスポットはペン型の修正液を使用する場合もある。

＊場合によっては、演出のために背景を描き入れたり、切抜いて色紙に貼るなどして効果的な画面とする。

第8章
パッケージ、紙立体の図学

package design and paper 3D models

パッケージ・デザインは、製図と密接な関係にあります。平板な紙を、設計図に従って切断し、山折りと谷折りを繰り返して組み立てると、立体的なパッケージが完成するようにできています。パッケージは、内容や目的、用途に応じて様々な形や大きさがあるため、適切な展開図を描くことが、パッケージ・デザイナーの仕事の一部となりました。

パッケージの素材には、ダンボールや厚紙など紙素材の他、ポリプロピレンやPETなどプラスチック素材も多用されています。ここでは、最初にダンボールについて解説を行い、更に基本的な展開図の例を示します。

8-1. パッケージ・デザイン　*package design*

パッケージは、物流と保管において中身の商品を保護しつつ、機能性（丈夫で扱いが容易）、経済性（価格、軽さ）、環境性（リサイクル、自然素材）、そして小売における広告や、購買者に対する認知度を高める役割も負っています。使われる素材の一つに、軽く、強度があり、リサイクル率が高く、環境負荷が低いとされるダンボール (corrugated fiberboard) があります。

ダンボールの構造：波形の中芯を、平坦なシート状の紙（ライナー）ではさんで補強したものです。波形の中芯をフルートと呼び、A, B, C, E, F, G… などの種類があります。例えば中芯は、波の密度が荒く、厚みがあります。JIS では、A ,B, C, E の 4 種類のフルートが規定されていますが、厚みは定義していません (Z 0104)。参考値の例を表に示します。

ダンボールの厚みはフルートで分類

種類（一例）	厚み（ライナー除く）
A フルート (AF)	約 4.7mm
B フルート (BF)	約 2.7mm
C フルート (CF)	約 3.6mm
E フルート (EF)	約 1.1mm

ダンボールのパッケージ・デザインでは、ダンボールの厚さを考慮して、展開図の折り目寸法を調整します。さて JIS Z 1507 によると一般的なダンボールパッケージは 6 つの形式に分類できますが、ここではそのうち代表的な 3 つを掲載します。

図 8-1　ダンボールの構造

8-2. 箱の形式　*shapes and styles of box*

● 溝切り形（Slotted-type boxes）

1枚の板紙に印刷して打抜いたフラップ（端部を折り返したフタの部分）付きの箱をいいます。接着方法は、ノリ、スティッチ（針止め）、テープ止めです。図は構造の原型（プロトタイプ）です。

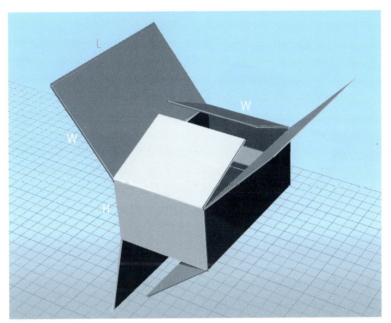

図 8-2　溝切り形ダンボール箱 JIS コード 0206

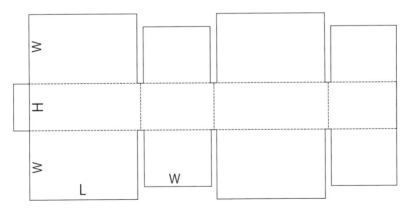

図 8-3　溝切り形ダンボール箱展開図

2) テレスコープ形 (Telescope-type boxes)

身とふたとからなり、2枚以上の板紙で作られる箱をいいます。図は構造の原型です。

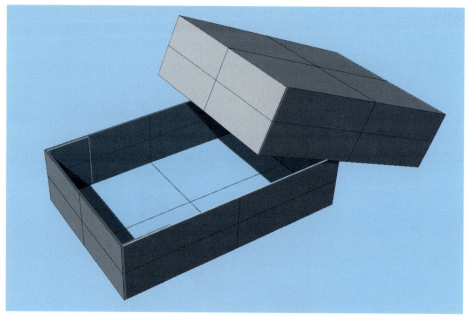

図8-4　テレスコープ形ダンボール箱 JIS コード 0300

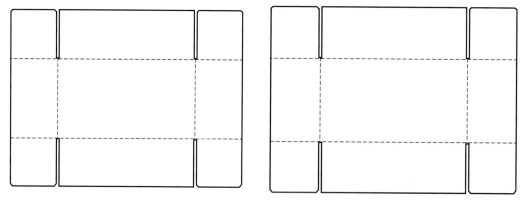

図8-5　テレスコープ形ダンボール箱展開図

3）組立形（Folder‐type boxes）

1枚の板紙で継ぎしろがなく、簡単に組立てができる箱です。箱底は、お互いにかみ合って固定する仕組みです。

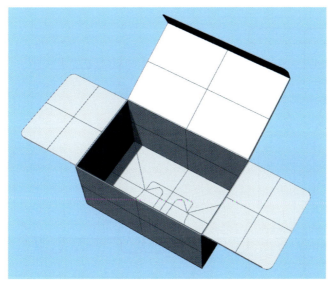

図 8-6　組立形ダンボール箱 JIS コード 0216

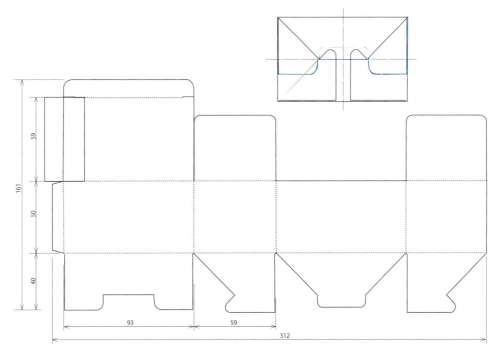

図 8-7　組立形ダンボール箱展開図

8-3. 組立形パッケージの展開図例　*development plan sake package*

1）内部に仕切のついた箱

日本酒ボトルと外箱パッケージ例です（民井 翔子、大七酒造株式会社）

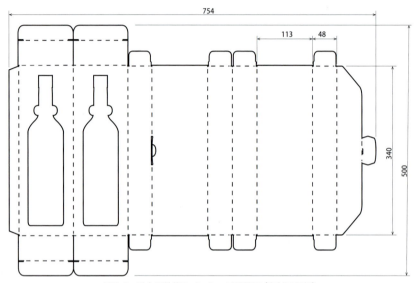

図 8-8　日本酒外箱のパッケージ展開図（素材は厚紙）

図 8-9　日本酒外箱のロゴ・デザイン（表、裏）とグラス・ラベルのデザイン（表、裏）　民井 翔子

8-4. 標準的な長方形パッケージ図　*development plan standard box-type package*

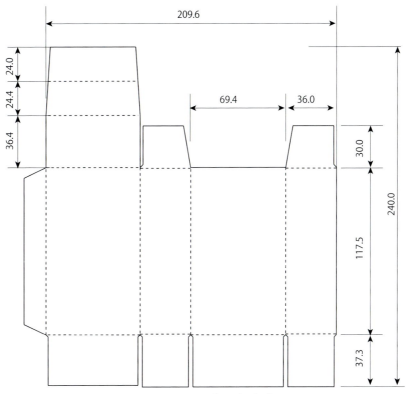

図 8-10　箱のサンプル図（長方形）

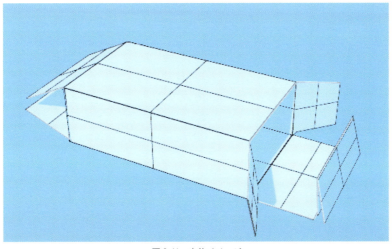

図 8-11　立体イメージ

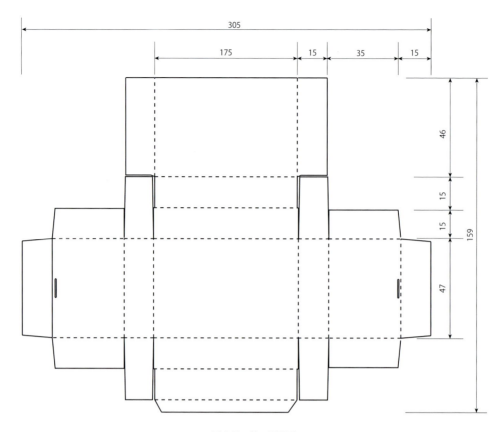

図 8-12　箱の展開図

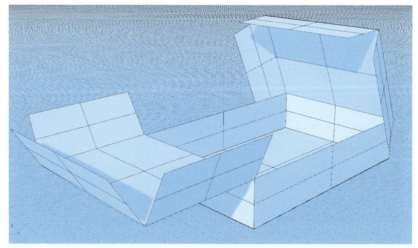

図 8-13　立体イメージ

8-5. 紙の加工　*process of producing papers*

　紙やダンボールの印刷は、素材がシートの状態のときに印刷するのが一般的です。印刷された紙や段ボールは、次に切断されます。

　切断には抜き加工が多く行われます。抜き加工は、板に刃物を埋め込んだ抜型を使用した加工方法です。抜型には平型と丸型があります。平型は平らな板に刃物を埋め込んだ抜型で、板紙やダンボールを平らに置き、その上に抜型を置いて打ち抜きます。丸型は筒状に湾曲した板に刃物がついた抜型で、ロータリダイカッタとよばれる回転しながら板紙などを切断する機械に取り付け、抜き加工を行います。

　打ち抜かれたダンボールは、平らに重ねて出荷されます。パッケージの納入先でダンボールを組み立て、商品を中に入れ梱包ので、展開図はこの組み立てる手間を最小限にする工夫が求められます。

8-6. 紙立体　*3D objects of paper*

多面体の紙立体の例

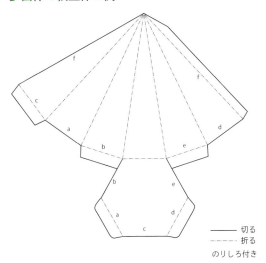

図 8-14　六角錐の展開図

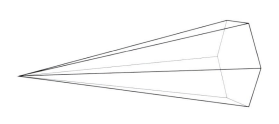

図 8-15　六角錐の立体イメージ

正十二面体の例

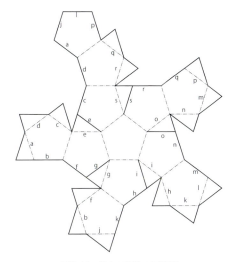

図 8-16　正十二面体の展開図

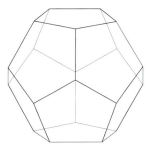

図 8-17　正十二面体のイメージ

第 9 章
実際の製図例

examples of drawing and drafting

この章では、実際の製図例を示します。テーマにはデザイン分野の中からポスターの図学解析、機械製図、容器、家電、家具、建築、パブリックデザインを選びました。図面の描き方は、分野によってかなり異なるので、より深い研修を積む必要があります。

9-1. ポスターの図学解析　*geometrical analysis of a poster*

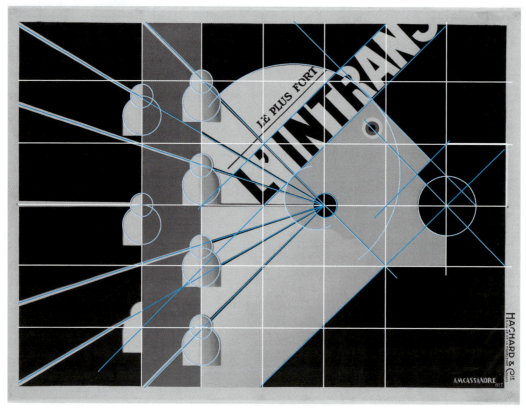

図 9-1　カサンドルの L'Intran 1925

　フランスで20世紀初頭に活躍したカサンドル（A.M.Cassandre, 1901-1968）のポスター。
　格子状の網目の交点と、耳、目、口を中心とする放射状の線（白、青）を基本にエレメントを配置しています。45°の線を多用しているほか、単純な円を活用しているのがわかります。

9-2. 機械製図　*a mechanical drawing*

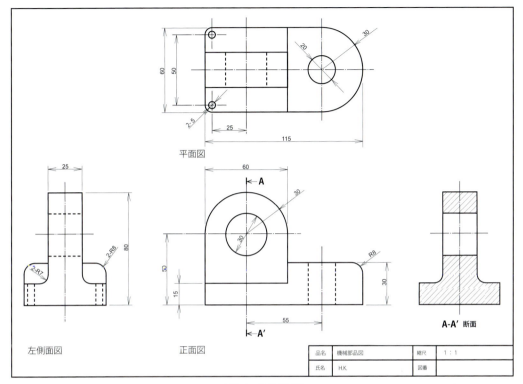

図 9-2　機械部品図

　平面図と正面図に左側面図を含む、第三角法の三面図です。正面図のA-A'位置における断面図も加えています。

9-3. 容器図面　*a vessel drawing*

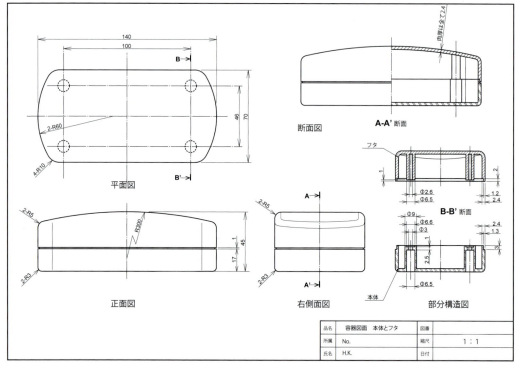

図 9-3　容器図面　本体とフタ

　プラスチック成形品の上下が合わさって一体化する箱です。三面図の、A-A' 部分、B-B' 部分の断面図にあるように、下側より固定金具を差し込んで固定します。箱は筐体と呼びます。上下部品相互の寸法がぴったり合ってお互いに固定できる構造を筐体の嵌合といいます。

9-4. コンパクトカメラ　*a compact digital camera*

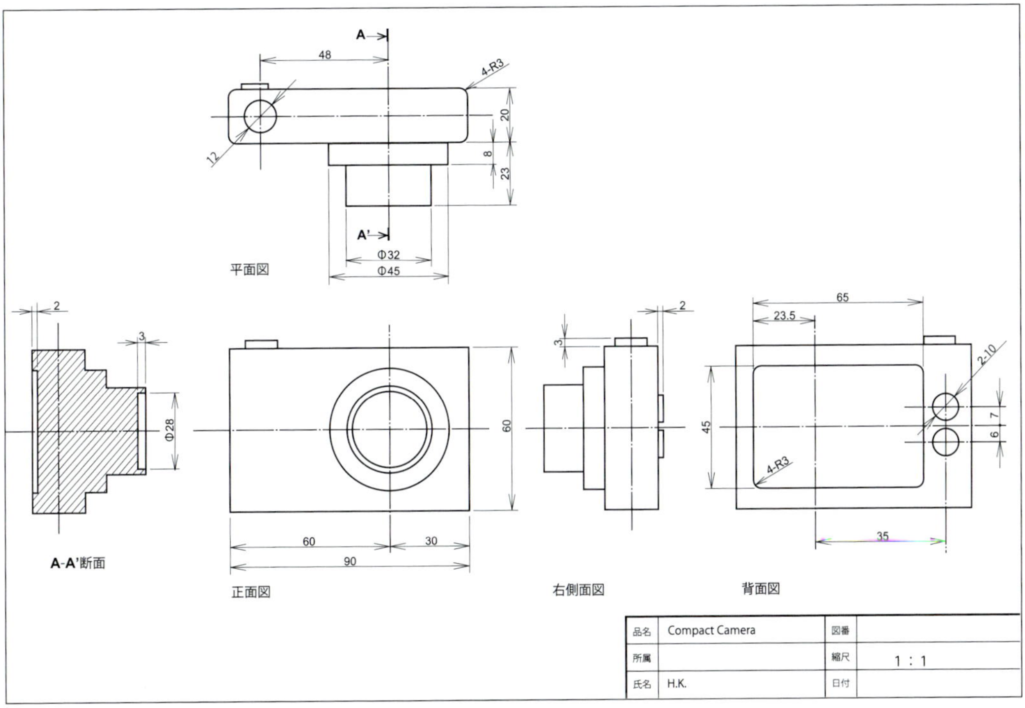

図 9-4　レンズ一体型の小型カメラ

　コンパクト・デジカメと呼ぶ商品です。精密機器の寸法を計測する演習として、第三角法で底面を除くカメラの 4 面と断面を簡略して描きました。

9-5. ポータブル・サウンドメディア　*a portable sound media unit*

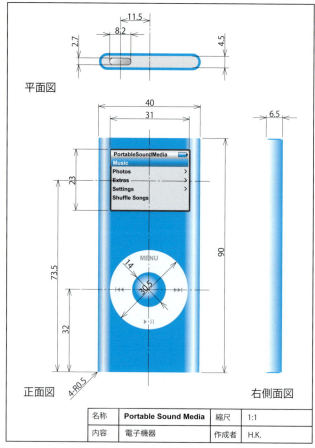

図9-5　ポータブル・サウンドメディア

　軽く、小さく、携帯性に富んだポータブル・音響機器です。図は、三面図に光源を意識し立体的に陰影をつけて描かれたもので「ディメンションスケッチ」や「三面レンダリング」などと呼びます。

9-6. 花器の寸法図　*a flower pot drawing*

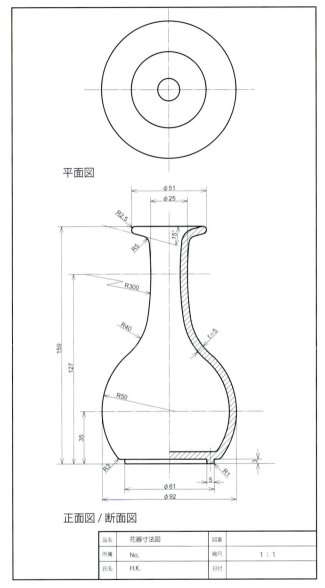

図 9-6　花器寸法図

　回転体は、2 面図として側面図を省略します。正面図も、左右対称ですから、中心線の片側が不要です。ここでは、右側を断面図としました。

9-7. 照明器具　*a pendant lighting unit*

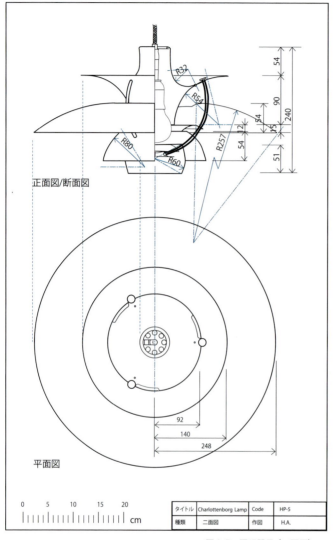

Multi-Shade System of Contrast and Artichoke lamp by Paul Henningsen

図 9-7　照明器具（二面図）

　古典ともいえる北欧デザインのペンダント照明です。断面が円弧の形状に成型されたシェードを複数組み合わせることにより、反射光が段階的に強くなり直下で最大となる巧みなアイデアです。

9-8. ハイバックチェア *the hill house chair*

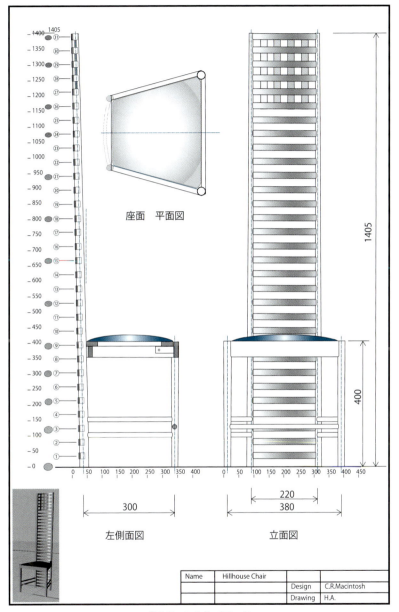

図 9-8 ハイバックチェア

　C.R.マッキントッシュのヒルハウス・チェアーです。背もたれの二本柱は、垂直ではなく断面は楕円で上に行くほど連続的に細くなるので、寸法の記述は簡単ではありません。参考に垂直・水平の mm スケールを配置しました。

9-9. 集合住宅の居室 ― ワンルームマンション平面図
a condominium plan - japanese apartment

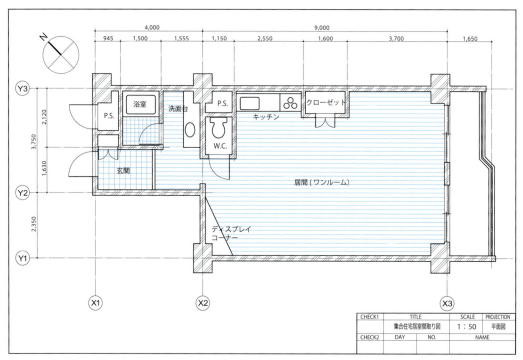

図9-9　集合住宅居室間取り図

　ワンルームマンションの平面図です。壁の斜線（ハッチング）はRC（鉄筋コンクリート）造であることを示しています。P.S.は上下に抜ける設備系の垂直穴です。

　建築平面図では壁厚や柱の寸法は省略し、中心線（一点鎖線）を基本に長さを記述します。X1、X2、X3は柱の位置（スパン）の基準線です。

　扉や窓、階段などの表示方法は、建築分野の決まりがあります。

9-10. 建築図面 — サヴォア邸　*plan villa savoy in poissy*

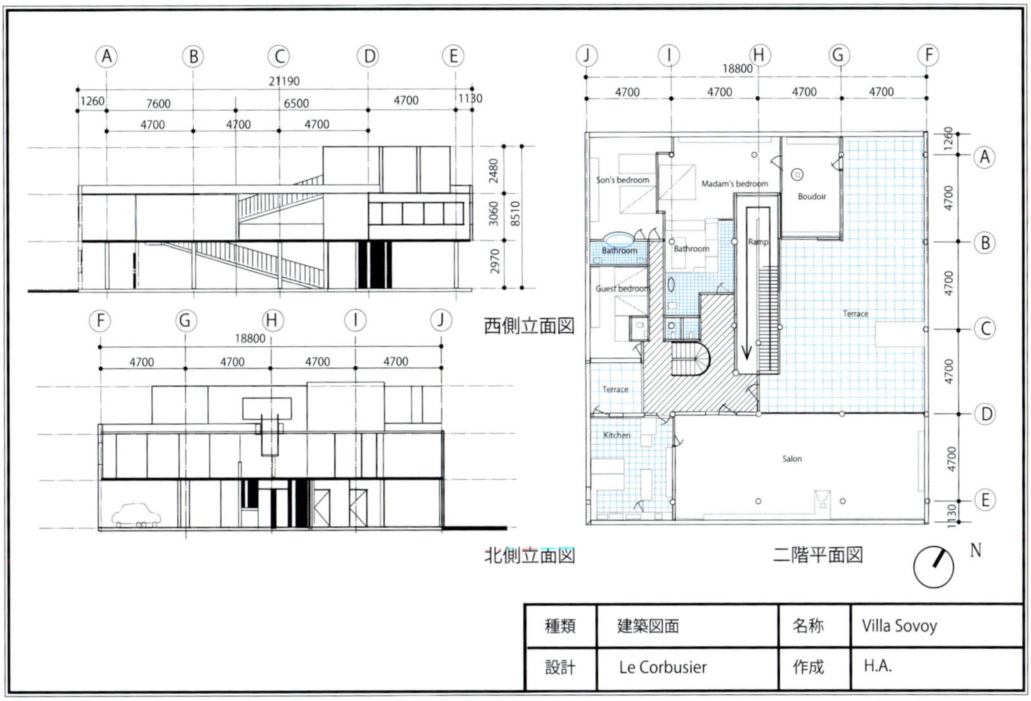

図 9-10　サヴォア邸　建築図（ポワシー、仏 1931）

　ル・コルビュジェ（1887-1965）設計の有名建築の立面図 2 面と、二階平面を図面化しました。柱間隔のモジュールが約 4700mm です。1 階はピロティ（柱を主体とする構造）を採用し、RC 造で梁がありません。

9-11. バス停周辺計画図 — パブリックデザイン *bus stop plan - public design*

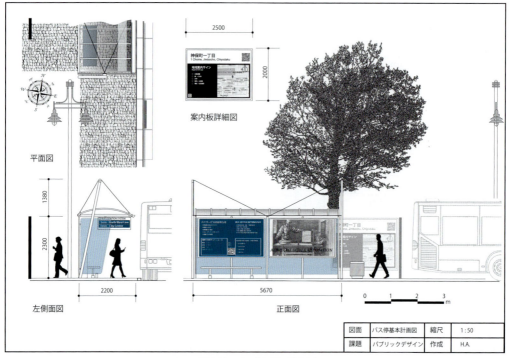

図 9-11　バス停周辺の計画図

　基本計画は、粗い寸法表記ですが、公的な屋外空間において多様な要素の調整を行うには欠かせない図面です。素材、色、寸法にも細かな規約や指針があり、安全性、機能性、防災、景観デザインまでを総合的に検討します。

9-12. 部品分解図 — 懐中電灯 *a exploded view of flashlight*

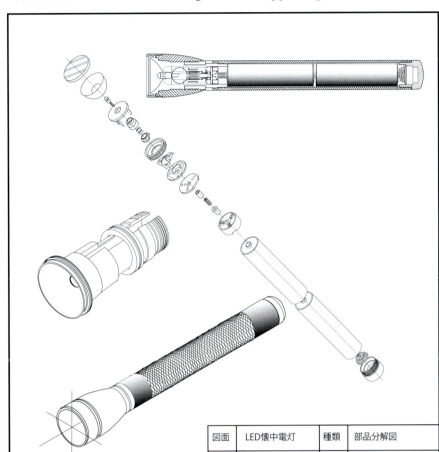

図 9-12　LED 懐中電灯分解図

　分解図は、アセンブリ図などとも呼ばれます。別々に製造された部品が、製品となるために、どう組み合わされているかを解説するための図面です。図中に記号を付け、部品表などを添付して、対応が取れるようにしてあるものが多いです。図面の描き方として、中心軸を共有するプロダクトの場合、その線を傾けて線上に部品を配列するようにします。

索 引

アルファベット
ANGLE　11
JIS　2
n 等分　27
RISE　11
SLOPE　11
TrueType フォント　75
T 定規　9

あ
アイソメトリック図法　53
アルキメデスのうずまき　37

い
一点鎖線　70
一点透視図法　101
インボリュート曲線　38

う
うずまき線　37
映り込み　129

え
遠近図法　3
円弧の寸法表示　89
円周定規　15
円定規　15
円の寸法表示　88

お
黄金くけい　40

か
外形線　82
外接　21
回転体　46, 114
角度の指定　87
隠れ線　82
画材　126

カタカナ　73
カバリエ投影図法　53
紙立体　143
カム曲線　39
画面　101
画面線　101
烏口　17
漢字　73
完成予想図　124

き
機械製図　147
幾何学　4, 6
器具製図　63
基線　101
基面　101
キャストシャドウ　128
キャビネット投影図法　53
共通接線　29
曲線定規　12

く
組立形　139
雲形定規　12
グラフィック・デザイン　2

け
現尺　63

こ
光沢の強い素材　130
光沢の弱い素材　130
極太線　69
固定ピッチフォント　75
コンパス　13

さ
サイクロイド　39
最大外形寸法　93
三角定規　10
三角形　21

三点透視図法　101
三等分　26

し
軸測投影図法　52
字消し板　16
自在勾配定規　11
視軸　101
視心　101
視線　101
実線　70
室内透視図　116
視点　43, 101
シャープペンシル　17
尺度　63, 69
斜体　73
斜投影図法　53
充填図形　6
縮尺　63
詳細図　97
消失点　101
仕様書　63
正面図　104
書体　73

す
垂線　26
図学　2
図学的アプローチ　6
スプリング・コンパス　13
図面　2, 63
図面用紙の大きさ　65
寸法　84
寸法数値　84
寸法補助線　84

せ
製図　2, 63
製図板　8
製図用語　63
精密機器　149
切断　46
切断平面　46

そ
相貫　50
相貫図　50
相貫線　50
相貫体　50
双曲線　37
増殖　110
足線　101

た
第一次視覚野　5
タイル　7
楕円　36
楕円定規　15
多角形　21
縦の寸法表示　86
短軸　36
ダンボール　136
断面　46
断面図　46
断面線　46
単面投影図法　43

ち
地平線　101
中車式コンパス　13
中心投影図法　43
長軸　36
直定規　12
直立体　73

て
手書き文字　74
テキスタイル　7
デザイン　2
鉄道定規　13
テレスコープ形　138
展開図　48
テンプレート　14

と
投影した影　128
投影面　42
等角図法　53

等角投影図法　52
透視図　112
透視図法　3, 100
等幅フォント　75
透明素材　131

な
内接　21
斜めの寸法表示　87

に
ニードルペン　17
二点鎖線　70
二点透視図　106
二点透視図法　101
二等分　26
二等分線　26

は
パース　100
ハート曲線　39
倍尺　63
ハイライト　128
破線　70
パターン　6
パッケージ・デザイン　136
バリュー　128

ひ
美術　2
表題欄　63, 66
ひらがな　73

ふ
複面投影図法　43
太さ　73
太線　69
部品番号　97
部品欄　63
フリーハンド製図　63
プロダクト・デザイン　2
プロポーショナルフォント　75
分割　110
分度器　13

へ
平行投影図法　43
ベニア製図板　8

ほ
紡錘形　33
放物線　36
ポスターの図学　146
細線　69

み
溝切り形　137
ミリタリ投影図法　53

め
明度差　128

も
木材　131
文字　73
文字の高さ　73

よ
用器画法　20
容器図面　148
横の寸法表示　86

り
立体　46
立体物　3
立点　101
リフレクション　129
輪郭　63
輪郭線　4, 65

れ
レンダリング　7, 124

あとがき

　新たな JIS の改訂を見ると、製図をとりまく現代のものづくりの現場が大きく変わりつつあることを感じます。製図は IT による自動化や特殊加工の方法にも対応しなくてはなりません。国際化が進み製造業は、先進国から外国の途上国に移り、デザインや設計の場が、外国であることはありえます。拠点が世界に拡散し、情報をやりとりする現実を考えあわせると、ISO を含めた製図のありかたが変化してもやむをえません。

　著者は、大量に製図の書籍が出版され、高度で専門性の高い参考文献がそろっている反面、わが国の製図の歴史は浅く、デザインなどの教育現場で、わかりやすく実際の仕事に適した資料が極めて少ないと感じています。製図が初学者には「無味乾燥」で「苦手」と言われていることも事実です。機械工学や電気工学など、製図が特殊化する一方で、ものづくりを担う技術者の教育に美学のセンスやデザインの視点が欠落しているようです。

　ルネッサンスの職人や、鳥獣戯画の絵師のように、制作者はイラストや、ものづくりで感性を解放すべきです。その延長で創造意欲を実現するためのツールとして製図があればいいと思っています。本書をご活用ください。

2016 年 4 月 1 日

著者一覧：（おもに担当した章を記します）

青木 英明　　共立女子大学建築・デザイン学科教授《第 1 章、第 2 章、第 8 章、第 9 章》
　　　　　　東京大学工学部建築学科博士課程・工博

大竹 美知子　有限会社デザインスタジオ トライフォーム《第 4 章、第 5 章》

久永 文　　　共立女子大学非常勤講師、TUBUdesign（ツブデザイン）《第 3 章、第 6 章》

福田 一郎　　共立女子大学建築・デザイン学科専任講師《第 7 章》

（第 9 章の、図のうちイニシアルの H.K. は、株式会社 TDC の代表の金井宏水氏からの提供を受けました。ここにお礼を申し上げます）

　本書の出版にあたっては、共立女子大学総合文化研究所 2016 年度における出版助成事業の研究・出版助成資金の支援を受けています。

デザインを学び始めた人のための
デザインの製図
Technical Drawing For Beginners

2016 年 5 月 25 日 初版第 1 刷 発行
2022 年 2 月 25 日 初版第 2 刷 発行

著　者	青木 英明、大竹 美知子、久永 文、福田 一郎
発行人	村上 徹
編　集	加藤 諒
発　行	株式会社 ボーンデジタル

〒 102-0074
東京都千代田区九段南一丁目 5 番 5 号 九段サウスサイドスクエア
Tel：03-5215-8671　　Fax：03-5215-8667
www.borndigital.co.jp/book/
E-mail：info@borndigital.co.jp

レイアウト　古川 隆士
印刷・製本　株式会社 東京印書館
ISBN：978-4-86246-288-6
Printed in Japan

Copyright © 2016 Hideaki Aoki, Michiko Ootake, Aya Hisanaga, Ichiro Fukuda and Born Digital, Inc.
All rights reserved.

価格は表紙に記載されています。乱丁、落丁等がある場合はお取り替えいたします。
本書の内容を無断で転記、転載、複製することを禁じます。